草菇高产栽培技术

（第2版）

编著者

蔡令仪　陶雪娟　杜　辉
王　萍　赵庆华

金盾出版社

内　容　提　要

本书由上海市农业科学院蔡令仪高级农艺师和陶雪娟、赵庆华研究员等编著与修订。本书自出版发行以来多次重印，印数已达12万册，深受读者欢迎。应读者要求笔者对原书进行修订。第2版的内容，除对原版的内容做了调整补充外，还增加了草菇的栽培季节和选用优良菌株，银丝草菇与浏阳麻菇的栽培技术，以及草菇增产的其他技术措施。内容丰富全面，技术先进实用，文字通俗易懂。适合食用菌种植专业户，食用菌生产场和加工厂工作人员阅读。

图书在版编目(CIP)数据

草菇高产栽培技术/蔡令仪，陶雪娟等编著．—2版．—北京：金盾出版社，2009.6

ISBN 978-7-5082-5766-2

Ⅰ．草…　Ⅱ．①蔡…②陶…　Ⅲ．草菇—栽培　Ⅳ．S646.1

中国版本图书馆CIP数据核字(2009)第095780号

金盾出版社出版、总发行

北京太平路5号(地铁万寿路站往南)

邮政编码：100036　电话：68214039　83219215

传真：68276683　网址：www.jdcbs.cn

封面印刷：北京印刷一厂

正文印刷：北京万博诚印刷有限公司

装订：北京万博诚印刷有限公司

各地新华书店经销

开本：787×1092 1/32　印张：5　字数：110千字

2012年7月第2版第23次印刷

印数：381 001～406 000册　定价：8.00元

目　录

第一章　概　述

草菇又名美味苞脚菇、兰花菇、贡菇、美味草菇、广东菇和中国菇等，闽西一带和湖南浏阳地区又分别称为秆菇和麻菇，在日本称为袋茸、中华春占地等，在欧美国家则称为稻草蘑菇、中国蘑菇。草菇常用的英文名称有：Strawmushroom；Cantonesemushroom，Chinesemushroom 等。草菇是一种喜温、喜湿，自然发生于稻草上的草腐真菌，故而得名草菇。

草菇是生长在热带、亚热带高温多雨地区的一种食用菌。由于它生长在菇类缺乏的盛夏，对于调剂市场，满足人们对菇类的需要有独到的好处。

草菇以其馨香馥郁，肥嫩鲜美，脆滑爽口，肉质细腻，营养丰富而著称。它既是我国人民喜爱的食物，又是传统名贵的出口商品。在国际市场上，无论是鲜菇、干菇或罐制品，均享有较高的声誉。

在几种大规模栽培的食用菌中，草菇的总产量仅次于双孢蘑菇和香菇。随着市场对食用菌需求量的增加，也随着食用菌从旧法发展到新法栽培，从单一的室外栽培发展到室内外栽培，从单种原料（稻草）发展到多种农作物的废弃纤维栽培，从而大大提高了草菇的产量。目前，世界市场上的草菇绝大部分产于我国（包括台湾省）。

草菇是食用菌中收获最快的一种，从播种至收获只需 2 周时间。而且无须特殊设备，技术容易掌握，成本低，收效快，产值高，收益大，是农业中经济效益高，发展前途大的项目之一。

一、草菇人工栽培的发展史

草菇原野生于热带和亚热带的高温多雨地区，广泛分布于泰国、缅甸、马来西亚、印度、菲律宾、新加坡、印度尼西亚、越南等热带国家。在我国主要分布于广东、广西、福建、湖南、台湾、海南等南方省、自治区，很早就被当地人民广泛采集食用。

我国是最早人工栽培草菇的国家，距今已经有300多年的历史。据清朝道光二年(1822)阮元等纂修的《广东通志·土产篇》引《舟车闻见录》："南华菇：南人谓菌为蕈，豫章、岭南又谓之菇。产于曹溪南华寺者名南华菇，亦家蕈也。其味不减于北地蘑菇。"在道光二十二年(1842)黄培燥等纂修《英德县志·物产略》中亦有同样记述："南华菇：元(原)出曲江南华寺，士人效之，其味不减于北地蘑菇。""南华菇"又称兰花菇，或谓以其香名，实为南华菇之音讹，即今之草菇，古代又称之为"秆菇"，因系南华寺僧人所培植，故称"家蕈"或"家生菇"。

草菇原是自然发生于腐烂禾草上的一种野生蕈菌，南华寺僧人在发明人工栽培方法之前，用以供馔的是自野外采集的干品。南华寺僧人偶尔发现，将淘洗草菇的废水倒在稻草上可以长出草菇，便从这一自然现象得到启发，创造了栽培草菇的方法。明代俞宗本著《种树书》中，有"正月种蕈，取烂谷禾截断、埋于水地，围草盖，常以米泔浇之则生"之说。虽未明言是何种菇类，但从以烂谷禾为基质，在水田做菇场，并在菇床加盖草被这些特点来看，当然只能是草菇。因此，我们有理由说中国栽培草菇的历史可追溯至明代。到清朝同治年间，南华寺的草菇已盛名遐迩，并年年有岁贡。

草菇栽培在民间的推广，大约是在清朝同治年间，《韶州府志》卷 11 略述其事："贡菇，产南华寺，味香甜。种菇，以早稻秆堆积，清水浇之，随地而生。今乡人效种颇多，惟马坝、沙溪、狗耳岭的曹溪水者尤佳。"草菇的栽培方法及经营情况，在《英德县志·物产略》中有较为详细的叙述："秆菇，又名草菇，稻草腐烂所生，或田间茅草亦生。光绪初，溪头乡人始仿曲江南华制法，秋初于田中筑畦，四周开沟蓄水，其中用牛粪或豆麸撒入，以稻草踏匀，卷为小束，堆置畦上五、六层，作一字形，上盖稻草，旁盖以稻草围护，以免侵风雨，易挥发。半月后出菇蕾如珠，急需采收，剖开烘干，若过时不采，则开为伞形，俗名'老婆菇'，其价顿贬。每岁草菇登场，人们往各村收买，贩往韶州、乌石或运往省地售之。"

草菇的另一个栽培发源地为湖南浏阳。因该地盛产苎麻，草菇就生长于腐烂苎麻秆或麻皮上，所以称为："浏阳麻菇"，为当地特产。在清代杨巩编《农整合编》引《种植新书》中，也谈到"种麻菌法"："麻菌，湖南浏阳县土产也，于春夏刈麻后，将剥下之外皮及其梗层积土面，令其上常荫，使之腐烂，常以米泔水泼之，不会干，至七月便生菌，可煮食。"

据马来西亚人 J. A. Baker(1934)和泰国人 K. JalariCharana (1950)的研究，大约在 1932 年，草菇由海外华人传入了菲律宾、马来西亚和缅甸等国。二次世界大战期间，发展非常迅速，数十年间，遍及东南亚和北非，如印度尼西亚、新加坡、泰国、日本、韩国，以及尼日利亚、马达加斯加等，成为热带地区主要食用菌之一。因为草菇栽培的故乡在中国，故在世界上享有"中国蘑菇"(Chinese mushroom)之称。近年来，欧美有些国家和地区也开始草菇栽培，一些国家不断派技术人员来我国学习草菇的栽培技术。我国的草菇栽培，也是由南方向北方逐步发展。目前，栽培地区有广东、广西、福建、湖南、湖北、江西、台湾、上海、浙江、江苏、安徽、北京、河北、山东、河南、四川、云南等地。

随着草菇栽培区域的不断扩展，草菇的栽培面积不断扩大，栽培技术越来越高，人们对草菇的需求量也大增。1979年我国草菇的产量就占全世界总产量的77%，居世界第一位。1993年草菇是国际市场的畅销货。我国每年出口近百吨。草菇罐头在国外也颇受欢迎，每吨价格0.8万～1万美元。国内草菇的销量也在不断扩大，市场行情看好。鲜草菇每千克成交价上海为6元，广州达8～10元，深圳高达20多元。1994年上海草菇鲜销价格高涨，每千克成交价10～12元。1995年基本上维持1994年的价格。草菇是低成本、高收入的菇类。

二、草菇的食用和保健价值

草菇无论是干品还是鲜品都为人们所喜爱的真菌菇类，在过去还曾是贡品向朝廷进贡。草菇味道鲜美，肉质细嫩、脆滑爽口、炒菜煲汤皆宜。干草菇浓郁芳香，被视为美味佳肴，宴席珍品。罐头草菇，色香皆存。

草菇除了独特的风味外，具有营养成分的特点是高蛋白、低脂肪，必需氨基酸完全，富含多种维生素。同时，草菇还具有一定的保健作用。祖国传统医学认为，草菇性甘凉，无毒，具有补脾益气、清暑热的功效。此外，可降血压，增强肌体抗病能力，加速伤口愈合。现代医学也肯定草菇有“强身壮骨，发乳肥孩，护肝健胃，解毒之功效”。草菇还含有较高比例的多糖类物质，可提高人体的免疫功能。因此，草菇是一种食、药兼用的“绿色”健康型食品，经常食用可增强人的体质。

（一）营养价值

1. 蛋白质 评价食物的营养价值，主要以其蛋白质含量多少和质量的优劣而定。干草菇蛋白质含量比禾谷类粮食高2～4倍。如大米为7.3%，小麦为12.7%，而草菇干品的蛋白质含量高达26%。虽然黄豆的蛋白质含量高达39.1%，但其蛋白质的利用率却只有43%，而草菇的蛋白质利用率则高达75%，鲜草菇的蛋白质含量为2.66%～5.05%，与日常蔬菜相比，它是芦笋、马铃薯的2倍，番茄和胡萝卜的4倍，柑橘的6倍。所以，草菇是国际公认的优质蛋白质来源，并有“素中之荤”的美名。另据张树庭等1982年研究，在6种最常见的食用菌中，蛋白质含量以双孢蘑菇为最高，凤尾菇与草菇次之，但金针菇、香菇、木耳要低得多。一般而言，草腐菌比木腐菌的蛋白质含量要高一些。与蔬菜和肉、蛋、奶相比较，同是含水鲜品，鲜草菇的蛋白质含量不但比菠菜、马铃薯、番茄高出许多，甚至比牛奶还高，虽不及肉类及蛋类，但草菇的脂肪含量与热能低得多。因而，养学家对草菇营养价值的另一个评价是高蛋白、低脂肪、低热量的“植物肉”。

2. 氨基酸 氨基酸是组成蛋白质的基本单位，其含量和种类，是评价蛋白质质量的标准。氨基酸构型有L型和D型两种。天然蛋白质中的氨基酸都是L型。天然蛋白质中的氨基酸共有20余种。根据人体自身是否能合成可以将氨基酸分为必需氨基酸和非必需氨基酸。必需氨基酸是人体生长发育所必要但又不能自身合成或转化而必须通过食物供给的氨基酸，共有8种，包括赖氨酸、亮氨酸、异亮氨酸、缬氨酸、苏氨酸、苯丙氨酸、甲硫氨酸、色氨酸；相反，非必需氨基酸则是指那些人体自身可以合成或转化的氨基酸。草菇含有包括人体必需的 8 种氨基酸在内的 18 种氨基酸(表 1)。

表 1　草菇氨基酸组成及含量　(%)

必需氨基酸		非必需氨基酸	
名　称	含　量	名　称	含　量
异亮氨酸	4.2	精氨酸	5.3
亮氨酸	5.5	天门冬氨酸	5.3
色氨酸	1.8	谷氨酸	17.6
赖氨酸	9.8	甘氨酸	4.5
缬氨酸	6.5	组氨酸	4.1
蛋氨酸	1.6	脯氨酸	5.5
苏氨酸	4.7	丝氨酸	4.3
苯丙氨酸	4.1	酪氨酸	5.7
		丙氨酸	6.3
		胱氨酸	未测

特别值得一提的是，在禾谷类中含量很少的赖氨酸、亮氨酸，在豆类中含量很少的甲硫氨酸、色氨酸，在草菇中的含量都是比较高的。

在氨基酸总含量中，有 1/3 是游离态氨基酸，其余 2/3 结合在蛋白质中。草菇与蘑菇、平菇的氨基酸含量相接近，但各种氨基酸组成的百分数是有区别的，变化最大的是赖氨酸、谷氨酸和组氨酸。草菇的赖氨酸平均含量和蘑菇相接近，几乎是平菇的 2 倍，香菇的 3 倍，而香菇的谷氨酸含量特别高。

菇类的甲硫氨酸和胱氨酸的含量较低，但是人们食用菇类时也同时食用其他食品，一般不单独食用，所以菇类作为副食品是非常优良的。

草菇食用后的消化率如何，氨基酸可从必需氨基酸指数、营养指数、生物价等评价。必需氨基酸指数，以鸡蛋中的3种必需氨基酸含量作对照，与待测食物中相对应的3种必需氨基酸相比较，求出待测食物中必需氨基酸在标准中的比例，以此作为衡量待测食物营养价值的指标。草菇的必需氨基酸指数为87.9，蘑菇和香菇为55.8，糙皮侧耳、佛罗里达侧耳和凤尾菇分别为64.8、84.5和82.7，以草菇为最高。营养指数，即以必需氨基酸指数和蛋白质含量的乘积百分数作为该食品的蛋白质营养指数，草菇为25.1、蘑菇17、香菇9.8、佛罗里达侧耳15.9、凤尾菇14.4、糙皮侧耳13.6、红侧耳16.7、扇形侧耳17.8，以草菇的营养指数为最高。生物价，即食物蛋白质中在体内被吸收的氮与吸收后在体内贮留并被利用的氮的数量比值。一般食物蛋白质的生物价为45～95，如鸡蛋的生物价为94、牛奶85、虾77、白鱼76、大豆64、麦67、玉米60。而草菇的生物价为84.1、蘑菇和香菇均为49.1、佛罗里达侧耳为80.4、糙皮侧耳为58.9、凤尾菇为59.2，以草菇的营养指数为最高。

3. 脂类 脂类物质是生物细胞中的水不溶性组成成分。同蛋白质一样，脂类在生物体内也发挥着重要的生物学功能，它是构成生物膜的重要物质，同时为动物肌体提供溶解于其中的必需脂肪酸和脂溶性维生素，也是机体代谢所需能量的主要贮存形式和运输形式。

草菇所含的天然粗脂肪种类齐全，包括游离脂肪酸、甘油单酯、甘油双酯、甘油三酯、甾醇、甾醇酯、磷脂等。草菇干品中的脂类总含量为2.4％，其中非饱和脂类占总脂量的70％。非饱和脂类主要是大量的维生素D_2、丁麦角甾醇和亚油酸。

非饱和脂肪酸是人体必需的营养物质，可以抑制人体对胆固醇的吸收，促进胆固醇分解为胆酸，降低血中胆固醇的浓度，改善血管壁的弹性，对防治心血管疾病有利。

含于草菇子实体的脂肪主要是磷脂胆碱、磷酸肌醇等有生理功能的脂肪类。饱和脂肪酸能促进人体对胆固醇的吸收，使血中胆固醇含量升高，二者结合并沉积于血管壁，是血管硬化的主要原因。动物脂肪中含有大量的饱和脂肪酸而不宜过多食用，但食用草菇无须为此而担心。

4. 维生素 维生素是维持生物正常生命活动所必需的一类重要物质，其主要功能是作为辅酶参与生物体的新陈代谢。人体只能合成少数的维生素，大多数的维生素需要由食物来供给。草菇中含有丰富的维生素，如维生素 B_1（硫胺素）、维生素 B_2（核黄素）、烟酸、生物素、维生素 C（抗坏血酸）、维生素 D 等。维生素 B_1，又称硫胺素，功能主要是保护神经系统、促进个体发育和以辅酶的方式参加糖的分解代谢等。维生素 B_1 轻度缺乏会引起人体疲劳、忧郁、急躁、食欲减退、生长滞缓等。若维生素 B_1 长期严重供应不足可能导致消瘦、水肿以及心脏功能下降和脚气病等。最近一项新的研究表明，吃富含维生素 B_1 的食物或者服用维生素 B_1 药丸可减少患心脏病的危险。草菇中维生素 B_1 的含量较高，达 0.35 毫克/克干重。一个成年人吃 200 克鲜草菇就够供给一天所需要的维生素。维生素 C，又称为抗坏血酸，是首先在柑橘中发现的维生素。维生素 C 能预防坏血病，促进人体新陈代谢及伤口的愈合，提高机体免疫力，调节脂肪、类脂及胆固醇的代谢，健全牙齿和骨骼，强壮毛细血管壁及健全血管。同时维生素 C 还具有解毒的作用，当有毒物质，如铅、砷、苯等进入机体时，维生素 C 就与它们结合，形成抗坏血元随小便排出。

此外，维生素 C 能阻止体内亚硝酸盐的形成，草菇含有丰富的维生素 C，每 100 克鲜草菇含 206 毫克，比橘子的含量高 4 倍。维生素 D，又称抗软骨病维生素，在人的肝、肾、脑、皮肤组织内都含有维生素 D。其主要功能是调节钙、磷代谢，维持血液中钙、磷的正常浓度，促进钙、磷在肠道内的吸收以及维生素 A 的吸收，同时有利于牙齿、骨骼的正常发育。人体每日必须从食物中摄取适量的维生素 D，才能满足正常生长和发育的要求。但是在自然界中，维生素 D 既不存在于鱼类、鸟兽和肉蛋中，也不存在于谷类和果蔬中，而在许多食用菌中却不同程度含有维生素 D，其中以草菇的含量最高。草菇干品中含有丰富的前维生素 B_2，其含量占干重的 0.47%，高于香菇的 0.27%、双孢菇的 0.23%和银耳的 0.01%，维生素原 B_4 占 0.05%，γ-麦角固醇占 0.35%。因此，在日常饮食中多食用草菇是非常有益的。

5. 无机盐与微量元素硒 草菇子实体组织经燃烧后残留在灰分中的化学物质，有钾、磷、硫、钠、钙、镁等常量元素和铜、铁、锰、钼、镉等微量元素。缺乏无机盐会引起人体一系列的疾病，如缺钾可造成心跳加快、心律失常，肌肉无力，腹泻，腹部肿胀等；缺钙会造成骨质软化和疏松等，老人缺钙易患痴呆症，儿童缺钙将严重影响生长和发育；缺磷会引起身体虚弱，食欲不振，肌肉无力，骨疼痛等；缺铁会造成缺铁性贫血等。草菇是一种较好的无机盐源，无机盐含量占干物质重量的 8.8%(灰分)，其含量比水果、蔬菜还高，特别是钾、磷、铜、铁含量多，但含钙比较少。磷主要含于菌盖内部的菌褶上，铁在菌盖表面多。铜也是菌盖的表面和菌褶上最多，如果摄取 200 克，可以够成年人的日需要量。其他如锰、钼、锌等酶活性所需要的各种金属元素含量也很丰富。

微量示素硒(Se),1973年联合国卫生组织宣布:“硒是动物生命中必需的微量元素”。近年来国内外的研究发现,草菇、香菇、平菇、灰树花等多种食用菌具有富硒能力。一般自然栽培的草菇含硒量为0.069毫克/千克干品,但是可以利用草菇菌丝的富硒能力来人为提高其含量。食用菌所含有机硒被人体吸收率高达97.5%,是优良的补硒食品。如富硒栽培的草菇干品硒含量能达到1毫克/千克干品,按1998年我国确定的7岁以上人体最低需硒标准50微克/日,1千克富硒草菇干品的含硒量可供1人食用20天,每天食用50克即可达到国家规定的健康标准。

(二)保健价值

经常食用草菇对人体是有益的。众所周知,食用维生素含量高的食物,可以促进新陈代谢的正常进行,增强机体对传染病的抵抗能力,加速伤口的愈合,并能防止坏血病的发生。夏天食用草菇又有防暑祛热的作用。所以,称草菇为营养丰富的保健食品是恰如其分的。

近年的研究发现,草菇中还含有一种凝集素蛋白质,称为草菇毒素A(VoivatoxlnA),它能够降低O型红细胞的溶血活性。该凝集素由分子量为50 000和24 000的两个亚基组成,但只有小亚基与溶血活性有关。另一种分子量为26 000的凝集素也从草菇中分离出来,这种凝集素有中度调节O型红细胞凝血反应的作用。此外,现已证明这些蛋白质分子还具有抗癌的作用。因而经常适量食用草菇可以预防肿瘤的发生,同时可以降低体内胆固醇的含量,对预防高血压、冠心病也有积极作用。

研究还发现,草菇中的多糖类化合物也具有抗癌活性,用冷碱液提取的分支β-D葡聚糖，分子量 1.5×10^6，抑癌率达97%；用热碱液提取的分支β-D葡聚糖，抑癌率为48.5%。草菇多糖通过增强网状内皮系统吞噬细胞的功能，促进淋巴细胞的转化，激活T细胞与B细胞，从而促进抗体的形成。虽然它对肿瘤细胞并无直接杀伤能力，但可以通过刺激人体抗体的形成而提高机体的免疫功能，是一种较理想的非特异性免疫促进剂。

草菇的含氮浸出物和嘌呤碱对癌细胞的生长也有一定的抑制作用，可以用于辅助治疗消化道肿瘤，同时能加强肝、肾的活力。

三、草菇的生态效益与经济效益

(一)生态效益

世界性的人口急速膨胀，人类发展进入20世纪后相继出现粮食危机和能源危机。在许多地区，尤其是经济不发达的国家，需要提供越来越多的蛋白质来满足人们的生存和发展的需要。但是由于土地等资源的限制，食用蛋白质的来源受到一定的制约。根据联合国粮农组织发表的报告，用 ^{14}C 测定的全世界每年通过光合作用合成的有机物达2 000亿吨，但其中只有10%的有机质被转化为人类或动物可以食用的淀粉或蛋白质，其余都以粗纤维的形式存在。仅农作物秸秆全世界每年产量就有23.53亿吨，这是一笔取之不尽、用之不竭的资源，却任其在大自然界中自生自灭，是对资源的严重浪费。大规模的利用各种廉价的基质和废物来生产食用菌，已被确认为是通过生物的作用将粗纤维转化为人类可以食用的优质蛋白的一条重要途径。有专家预言,食用菌将成为21世纪的主要粮食产品之一。

草菇可以将稻草、秸秆等廉价的基质转化为优质蛋白质,大大提高了稻草、秸秆等废物的利用率。以作为我国蔗糖主产区的海南省为例,每年榨蔗所产生的蔗渣不少于70万吨,除少量用作燃料外,大部分均为废弃物,成为污染环境的一大公害。利用废弃蔗渣生产草菇,既为蔗渣综合利用找到了出路,解决环境污染问题,又大大提高了蔗农的经济效益。而且栽培草菇以后的蔗渣废料内含大量的菌丝体和丰富的菌体蛋白,又是优质的有机肥料,可以广泛用作花卉、果树和大田的有机肥。这样的一种农业生产模式是非常符合生态学原理和可持续发展战略的一种生产模式,是一种良性的生态循环。

(二)经济效益

目前世界上进行商业栽培的食用菌有40多种,其中草菇的总产量仅次于蘑菇、香菇、平菇而占第四位。东南亚各国是草菇的重要产地,而我国则是最主要的草菇生产国,产量占世界总产量的3/4以上。同时,草菇也是我国传统的出口产品,远销许多国家和地区,如美国、加拿大、新加坡、马来西亚和英国、日本等。无论是鲜草菇还是干草菇或草菇罐头,在国内外市场上都是最受欢迎的食用菌之一。据最新资料显示,食用菌的产销量每年都在大幅度增长。目前广州市草菇日销售量达到20～30吨、深圳8～10吨,香港也在10吨以上;而且有一个显著的变化是,随着人们消费结构的变化鲜菇消费量逐年上升,在美国市场上鲜菇所占比例由过去的30%已经上升到65%。据中国食用菌协会统计,1999年全国(不包括台湾和香港)当年草菇总产量为5.47万吨,超过万吨的主产省为福建(1.6 万吨)、广东(1.2 万吨)和江苏(1.2 万吨)。不论鲜菇、干品或罐头制品都是国际市场上的畅销货,每吨价格 0.8 万～1 万美元。随着人们生活水平的不断提高,草菇的生产量已远远不能满足国内外市场的需要。草菇生产蕴藏着巨大的市场潜力。

在目前进行大量商业栽培的 10 多种食用菌中,种植草菇的投人产出比是比较高的,且有下列特点:栽培简单、对栽培场地要求不高、栽培周期短、栽培草菇的收益比较高。据计算,栽培 500 平方米的草菇只需投入 2 500 元,1 个月便可收获鲜菇 1 300 千克以上。按每千克 6 元计算,产值达 8 000 元,纯收益 5 000 余元,投入产出达 1∶2。因此,栽培草菇可以为农户增加一笔可观的收入。根据统计,我国每年水稻的播种面积约为 3.3 亿公顷,年产稻草近 2 亿多吨,只要利用其中的 5%生产草菇,按产菇率 10%计年产草菇约 100 万吨,总产值就可达到 60 亿元。

第二章　草菇的生物学特性

一、草菇的分类地位

草菇在植物分类学上属于真菌门(Eumycetes)，担子菌纲(Basidiomycetes)，同担子菌亚纲(Homobasidiomycetes)，伞菌目(Agaricales)，光柄菇科(Pluteaceae)，小包脚菇属(*Volvariella*)。

全世界记载草菇的种、亚种和变种有100多个。由于分布和生活条件的差异，不同的种在形态特征上也有区别。目前的栽培种主要是草菇，有少数地区栽培同属的其他种(如*V. diplasia*，*V. esculent* 等)。

二、草菇的形态

草菇的形态可分为菌丝体和子实体两大部分，人们日常食用的部分就是草菇的子实体。草菇的菌丝体或子实体均是由无数丝状菌丝交织而成的。

(一)菌 丝 体

它是草菇的主体。在基质中不断生长、繁殖，有吸收、输送和积累营养物质的作用，供繁殖器官的产生与子实体的形成。

草菇菌丝体呈白色或黄白色，半透明，具丝状分枝。在显微镜下观察，为透明体，有分枝和横隔。根据其发育程度和形态特征，可分为初生菌丝体和次生菌丝体2种。

1. 初生菌丝体 它是从担孢子萌发形成的，幼小菌落是透明的，呈分枝状，每个细胞内含1个核，又叫单核菌丝体。有些初生菌丝体能形成厚垣孢子。

2. 次生菌丝体 它是由初生菌丝体互相融合而形成的。次生菌丝体的每个细胞内含有2个核，又叫双核菌丝体。其形态和生长与初生菌丝体相似，只是主要分枝菌丝更宽，生长得更快和更茂盛。在较老菌龄的菌落上，常形成疏松而互相缠绕的气生菌丝团，并略带黄色。在马铃薯蔗糖培养基和稻草等培养基上，大多数的次生菌丝体能形成厚垣孢子。

厚垣孢子圆形或椭圆形，多数呈红褐色，少数为棕色。细胞多核，并含有很多球状颗粒，孢壁厚而坚韧。所以，草菇对干旱、寒冷等不良环境有较强的抵抗力。旧法栽培草菇采用隔年种，就是以越冬后翌年仍能发芽长出菌丝的菇种作种用。

3. 菌丝生长时期

(1)**生长迟缓期** 这个时期是菌种适应新环境的时期。接种物是孢子的，孢子在生长前须经过一定的萌发时间；如果接种物为菌丝片段，则菌丝片段形成一个新的生长点后才能生长，并且只有菌丝片段中新合成物质积累到了一定的程度，有了足够的能量才开始伸长。这一时期是菌丝伸长的准备阶段。该阶段看不到菌丝有明显的生长，刚由孢子萌发长出的菌丝生长缓慢，新接菌种的菌丝生长也很慢。生长迟缓期的长短与新接菌种的遗传性、菌龄、所处环境、培养基成分等密切相关。菌龄小，则迟缓期短；老化的菌种，则迟缓期长。原来所处的环境与新环境差别越大，则迟缓期越长，反之，则短。

(2)**快速生长期** 经过迟缓期后，菌丝适应了所处的生长环境，开始快速生长。菌丝呈顶端生长，菌丝生长速度与菌丝顶端数目和供给菌丝顶端养分的速率有关。在快速生长期中的某一时间段内，菌丝生长量还存在着一个指数生长期。如果能稳定地保持快速生长期的条件，菌丝的生长量（菌丝干重）可以一直呈直线上升。但实际上，在人工控制的条件下，生长量不可能永远直线上升，因为营养逐步消耗，菌体本身有害代谢产物不断积累，因而只能维持相当短的时间，一般只有几天。

(3)生长停止期　在这个时期菌丝体干重逐渐减少，菌丝老化，最后停止生长。衰老的菌丝生活力低，出现老化甚至自溶。这时会发现菌丝细胞内液泡越来越多，原生质和贮藏物质越来越少，如果长期缺氧，老化的菌丝就会很快死亡。在固体培养基中，生长迟缓期比液体培养的更长，快速生长期的生长比在液体培养基的慢，但能持续较长的时间。

（二）子 实 体

它是草菇的繁殖器官。一个成熟开伞的草菇子实体由菌盖、菌褶、菌柄和菌托 4 部分组成（图 1）。

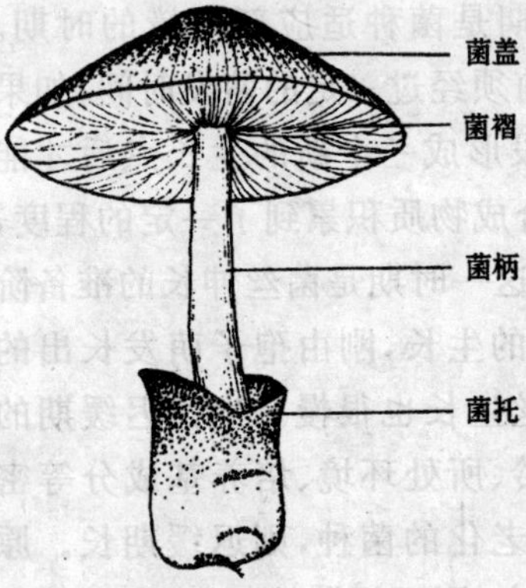

图 1　草菇子实体

1. 菌盖　它是子实体的最上部分，系菌褶的着生处和依托，是产生担子和贮存担子的保护器。呈钟形，成熟时平展开，表面平滑，鼠灰色或灰黑色，中间突起处色较深，向四周渐变淡，为淡灰色，其色泽的深浅因品种及光照强度的不同而有差异。

2. 菌褶 位于菌盖的底面，呈肉红色，由刀片状的薄片组成，与菌柄离生，呈辐射状排列，是孕育担孢子的场所。担孢子通常为单核，其颜色随成熟程度而有所变化，由透明和淡黄色逐渐变为粉红色或红褐色。每个成熟的草菇产生担孢子的数量很大，从几亿至几十亿不等。

3. 菌柄 着生于菌盖底面的中央，下与菌托相连，是支撑菌盖的支柱，又是输送水分、养分的器官。幼菇时期，菌柄隐藏在包被内，粗大而短小。菌柄的长度随着菌盖的大小而变化，柄的大小与菌盖成正比。菌柄上细下粗，白色，内实，肉质稍带纤维质。

4. 菌托 位于菌柄下端，与菌柄基部相连，是子实体前期的保护被，又叫外包被。它是一层柔软的膜，菌蕾期包裹着菌盖、菌褶、菌柄。当子实体发育到一定阶段后由于菌柄的伸长，被菌盖顶端突破而残留于基部，则称为菌托。破口不规则，呈杯状，上部灰黑色，往下色渐浅，甚至接近白色。菌托基部生有根状菌索，是子实体吸收养分和水分的器官，由松软膨胀的细胞组成。

三、草菇的发育和生活史

草菇与其他高等真菌菇类一样，一个完整的生活史是从担孢子的萌发开始，经过菌丝体阶段的生长发育，形成子实体，并由成熟的子实体产生新一代的担孢子而告终。

草菇的担孢子在环境条件适宜时萌发长出芽管。经过生长、分枝，发展成初生菌丝体。初生菌丝体继续生长，相互结合，通过或不通过同宗配合发育成次生菌丝体。厚垣孢子萌发后也形成次生菌丝体。在养分充足和其他条件适宜时菌丝体可以无限制地生长。无论是少数初生菌丝体还是全部次生菌丝体，生长到一定时间后都会形成厚垣孢子。厚垣孢子大多数连接呈链状，极少数是在分枝内部单个产生。厚垣孢子的形成时间，随菌丝的种类和培养温度而不同，一般在接种后的3～14天就开始形成了。草菇的次生菌丝体生长发育、互相扭结，便形成瘤状物即菌蕾，再经4～8天的生长、发育，则成为子实体。草菇子实体的发育，可分为以下6个时期。

(一)针头期

草菇菌丝体经过扭结，形成白色的小点，像针头突起，故称针头期。最初，它是奶白色菌丝体扭结的菌丝团，表面被有白色绒毛，内实。这时除了外层有一相当厚的白色子实体包被外，没有菌盖和菌柄的分化，整个结构实际上是菌丝体细胞的小团。

(二)小纽扣期

针头期过后2～3天，小针头突起发育成为圆形或扁圆形的幼菇，状似纽扣而体积尚小，称为小纽扣期。这时组织有了很明显的分化，如果把包在菇组织最外层的包被(也叫做外菌幕)除去，可以看到中央深灰色、边缘白色的幼小菌盖。把小纽扣子实体纵向切开，在较厚的菌盖下面可以看出一条很细很窄的带状菌褶。圆形小纽扣的包被顶部是深灰色，其余部分是白色。

(三)纽扣期

随着菌盖、菌褶和菌柄的形成，子实体增大，便进入纽扣期，时间为1～2天。这时整个结构仍被子实体包被包裹着，菌盖被封闭在包被里面。

（四）蛋 形 期

在纽扣期过后一天内子实体迅速增大，像椭圆形的鸡蛋，称为蛋形期。这时菌盖开始被推出子实体包被，下部的子实体包被将形成杯状的菌托，包着菌柄的底部，菌柄仍未显露出来。这阶段在菌盖下的菌褶上仍未形成担孢子。这时期的子实体顶部呈灰黑色而有光泽，向下色渐浅，基部接近白色。

（五）伸 长 期

蛋形期过后几小时内菌柄迅速伸长，为伸长期。这时子实体的发育重点在菌柄和菌盖，外包被停止发育而残留于菌柄基部，成为菌托。菌柄伸长部位主要集中在菌柄上半部，即生长点部位，使菌柄几乎达到成熟时的长度。在菌柄伸长期间，菌褶的子实层中发生着复杂的变化，由于担孢子的产生和存在，菌褶的颜色由奶白色逐渐变为粉红色。

（六）成 熟 期

伸长期过后，子实体进入成熟期，时间为 1～1.5 天。此时，菌盖钟形，随后逐渐平展成平板状。菌盖表面银灰色，并有一丝丝深灰色条纹。菌褶颜色淡红色至肉色，最后为深褐色，这是成熟担孢子的颜色。等菌褶呈淡红色时，孢子便从担子梗上弹射出来，若将白纸置于菌盖下，经过几小时便能散落成完整的孢子印。孢子弹射的时间大约 1 天。至此，草菇的生活史即告完成。以后，在环境条件适宜时，从担孢子开始，又进入一个新生活周期。

整个草菇子实体的发育过程如图 2。

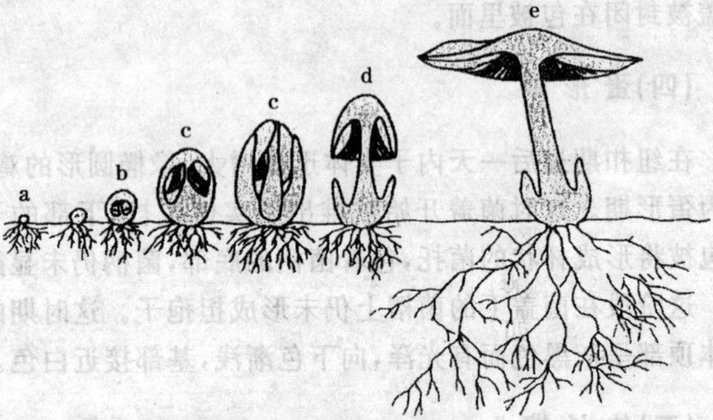

图2 不同发育时期的草菇

a. 针头期 b. 纽扣期 c. 蛋形期 d. 伸长期 e. 成熟期

四、草菇生长发育的营养条件

草菇所需要的营养条件主要包括碳源、氮源、无机盐、维生素和生长激素等，下面将分别给予介绍。

（一）碳 源

碳是草菇中含量最多的元素，占菌体成分的50%以上。凡是可以构成细胞和代谢产物中碳素来源的营养物质都可以称为碳源，其主要作用是构成细胞物质和供给草菇生长发育所需要的能量，是草菇最重要的营养源之一。

自然界中的碳源可分为无机态碳源和有机态碳源两大类。作为非光合生物，草菇不能以二氧化碳（CO_2）为碳源，也不能利用无机态碳如碳酸钙，只能通过分解有机化合物获得碳源，如葡萄糖、蔗糖、麦芽糖、氨基酸、醇类、有机酸等小分子有机物，以及淀粉、纤维素、半纤维素等高分子有机物。小分子有机物可以直接被草菇细胞所吸收利用，而高分子有机物则不能被直接吸收，必须先由菌丝体分泌出相应的水解酶类，将它们降解为小分子物质后才能被吸收利用，如纤维素、半纤维素和淀粉必须分别通过纤维素酶、半纤维素酶和淀粉酶的降解，成为葡萄糖等单糖后才能被草菇菌丝所吸收。如果在多种糖混合存在时，葡萄糖是最被优先利用的糖。

在稻草、麦秸、废棉及棉籽壳等农作物秸秆中含有大量的纤维素和半纤维素，草菇菌丝可通过分泌纤维素酶和半纤维素酶把它们降解为葡萄糖后加以利用。所以，稻草、麦秸、废棉等农作物副产品是栽培草菇的良好碳源。但是由于这些秸秆中纤维素和半纤维素的特殊结构，使得它们很难被草菇分解利用或者是分解利用的速度很慢，因而不能及时满足菌丝生长的需要。所以，我们在利用这些秸秆作碳源时，最好能将它们经过适当的处理后再使用。为了促进草菇菌丝的初期生长，可以在这些秸秆的培养料中适当加入一些容易被吸收利用的小分子碳水化合物，如葡萄糖、蔗糖等。但这种补充碳源的浓度不宜太高，一般在 0.5%～2%为宜，过高反而会抑制菌丝生长。

有关试验结果表明，草菇菌丝能吸收利用多种碳水化合物，以菌丝体生长量多少为比较指标，排列顺序依次是果糖、甘露糖、葡萄糖及葡萄糖构成的糊精、蔗糖等；以山梨糖、草酸为碳源时，菌丝生长极差或不长，甚至比不加碳源的对照还差，这表明山梨糖、草酸有抑制草菇菌丝生长的副作用。

几种农副产品的营养成分见表 2。

表2　几种农副产品营养成分（%）

材料	水分	粗蛋白质	粗脂肪	粗纤维	无氮浸出物	无机盐
棉籽壳	15.0	6.3	0.6	32.0	43.0	3.1
稻草	13.0	4.3	1.7	28.9	37.3	14.8
小麦秸	10.9	3.1	2.0	33.7	44.6	5.7
大麦秸	15.1	3.6	1.2	37.5	34.9	7.7
甘蔗渣	15.5	1.6	0.8	39.3	40.7	2.1
玉米芯	7.7	2.6	0.5	33.1	52.9	3.2
玉米秸	5.5	5.7	1.6	29.3	51.3	6.6
花生壳	9.5	4.2	1.6	59.3	20.0	5.4
麸皮	12.2	16.0	4.3	8.2	54.3	5.0
米糠	12.8	15.0	17.1	7.2	39.4	8.5

(二)氮　源

提供氮素来源的营养物质称为氮源。氮素是草菇最重要的营养成分，是草菇合成蛋白质、核酸（嘌呤、嘧啶）和一些维生素，以及多数真菌细胞壁的主要成分几丁质的合成所必需的。草菇生长发育所需的氮源可以分为有机氮和无机氮两大类，能为草菇利用的有机氮主要是氨基酸、蛋白胨和蛋白质等。由于草菇菌丝不能很好地利用无机氮源如尿素、硫酸铵、硝酸铵等，因此生产上常在草菇培养料中补加有机氮源如饼肥、麸皮、牛粪等辅料。

有关试验结果表明，草菇菌丝能吸收利用多种含氮化合物，以菌丝体生长量多少为比较指标，有机氮化合物的排列顺序依次是蛋白胨、酵母膏、谷氨酸、天门冬氨酸等，在常见的无机氮化合物中，效果较好的是尿素和硝酸钙，效果最差的是硫酸铵。对于氨基酸等小分子的有机氮化合物，草菇菌丝可直接吸收，而蛋白质等高分子的有机氮，必须经过菌丝分泌的蛋白酶分解成为氨基酸等小分子后，才能被菌丝吸收利用。蛋白胨是经过水解处理的较小蛋白质分子和氨基酸的混合物，所以是草菇菌丝生长的最适宜的氮源。培养基中的氮源浓度对草菇的营养生长和子实体的分化都有很大的影响。一般培养基中的含氮量以1.6%～4%为宜，含氮量过低将限制菌丝的生长，氮的比例过高则导致菌丝营养生长过旺，反而不利于草菇子实体的分化和发育。

除了控制培养料中氮素的绝对含量，还要注意控制培养料中的碳氮比(C/N)。有时候虽然添加了不少氮源辅料，但食用菌在生长过程中仍然表现出了缺乏氮源的症状，这是由于C/N失调，各种营养物质之间不平衡所致。因此，在配制培养料时，要掌握的一个最基本的原则是培养料要有一个合适的碳氮比例。

(三)无机盐

尽管需要量很少，无机盐同样是草菇生长发育不可缺少的营养物质。其主要作用是构成细胞成分、作为酶的组成部分以维持酶活性和调节细胞的渗透压等。按照生长发育需要量的多寡，无机盐可以分为普通元素和微量元素两类。磷、钾、镁、硫等属于普通元素，在草菇的生长发育过程中需要量比较大。其中硫是合成半胱氨酸和蛋氨酸等含硫氨基酸所必需的元素，也是合成维生素 B_1、生物素及某些代谢产物所必要的。磷存在于三磷酸腺苷(ATP)、核酸和磷脂中，对菌丝体的新陈代谢有着非常重要的作用。钾在某些酶系统中起协调因子作用。镁是许多代谢过程的酶所不可缺少的激活剂。这些无机元素在培养料中的适宜浓度为 100～500 毫克/千克。另外,还有一些无机元素,在草菇生长发育的过程中需要量甚微,称为微量元素,如铁、钴、锰、锌、钼等,它们在培养料中需要的浓度一般在 0.01～1 微克/千克(表 3)。

普通元素在秸秆、废棉等培养料中都有一定的含量,基本上能满足草菇生长发育的需要,但有时也要根据培养料的不同而适当添加钙、磷、钾、镁等元素,以促进草菇菌丝的生长发育。常用的无机盐有磷酸二氢钾、磷酸氢二钾、硫酸钙、碳酸钙及硫酸镁等。而微量元素在天然培养料和普通用水中的含量完全可以满足草菇生长发育的要求,因此除用蒸馏水配制的培养基外,一般不必添加额外的微量元素。

表 3　不同发育期草菇中无机盐含量　(%)

发育期	磷	钠	钾	钙	镁	铜	锌	铁
纽扣期	14.18	3.69	45.98	3.43	1.96	0.063	0.110	0.120
蛋形期	12.17	4.66	45.76	4.17	1.76	0.058	0.118	0.140
伸长期	12.29	1.80	42.42	3.37	1.60	0.043	0.081	0.110
成熟期	8.18	1.16	42.60	2.59	1.70	0.036	0.078	0.128

(四)维 生 素

维生素是草菇生长发育不可或缺而需要量又甚微的一类特殊的有机物,尤其是维生素 B_1 的作用较明显。维生素既不是细胞的结构物质也不能作为能源,其主要作用是作为酶的辅酶在新陈代谢中起重要作用。缺乏维生素会使许多酶的活性降低乃至丧失,影响草菇生长发育的各个生理生化过程。例如,硫胺素是羧化酶的辅酶,在丙酮酸转化为乙醛和二氧化碳中起作用。如果培养料中缺少硫胺素,会导致菌丝生长缓慢，并抑制子实体的发育。硫胺素在培养料中的浓度一般以0.1～10毫克/千克为宜。此外，常见的还有生物素（维生素B_7）和核黄素（维生素B_2）等维生素。

维生素在马铃薯、麦芽汁、酵母提取物和米糠等原料中含量较多，因此用这些材料配制培养料时无须再添加维生素。实际上，即使是使用一般的培养料也无须额外添加维生素。但要注意的是维生素多不耐高温，在120℃以上时极易被破坏，所以要注意控制培养料灭菌的温度。

（五）生长激素

生长激素有促进菌丝和子实体生长的作用。它们虽然不是菌丝生长发育必需的营养物质，但是如果使用适当，可以大大提高子实体的产量。三十烷醇、萘乙酸、吲哚乙酸和赤霉素等都是目前在食用菌生产中较常用的生长激素，其中三十烷醇是已知生长调节物质中生理活性较强的一种。据报道，三十烷醇在食用菌培养料中的使用浓度为0.1～1毫克/克，以0.5毫克/克的效果较好，超过2.5毫克/千克时菌丝生长反而会受到抑制。

五、草菇生长发育的环境条件

（一）温　度

温度是草菇生长发育最重要的环境条件之一。

1. 菌丝体生长对温度的要求　草菇是高温性的真菌，其菌丝体的生长要求较高的温度。菌丝可以生长的温度范围是10℃～43℃，生长适温为30℃～35℃。在低于15℃或高于

42℃时，菌丝生长会受到强烈的抑制，5℃的低温或45℃的高温可导致菌丝死亡。

2. 子实体分化对温度的要求 一般来说，子实体分化时要求的温度要比菌丝体生长的温度低些。根据子实体分化时对温度的要求，可把食用菌分为3种类型。

(1)低温型 子实体分化的最适温度在15℃～20℃，最高不超过24℃，如香菇、平菇、金针菇、双孢蘑菇等。

(2)中温型 子实体分化的最适温度为20℃～24℃，最高温度为28℃，如白木耳、黑木耳、大肥菇等。

(3)高温型 子实体分化的最适温度为30℃～35℃，草菇是典型菇种。草菇担孢子萌发的最适温度可高达40℃。

一般说，菇类子实体发育的最适温度要比菌丝体生长的最适温度低，但比子实体分化时的最适温度要高些。草菇由生理上成熟的菌丝体扭结成原基的过程，称为子实体的分化期，要求适温为28℃～30℃，接着便进入子实体的发育期，这时要求的温度比分化期稍高些，以30℃～32℃为宜。

由于草菇子实体比菌丝体含有更加丰富的蛋白质、碳水化合物等营养成分，极易受杂菌的污染，所以在实际栽培中子实体发育的温度可适当控制得低一些。

(二)水分和湿度

水是草菇细胞的重要组成部分，一般鲜草菇的含水量可达90%左右。水也是草菇新陈代谢、吸收营养成分不可缺少的基本物质。草菇在生长发育的每个阶段都需要水分，而在子实体发育时其需要量会显著增大。

培养料所含的水是草菇所需水分最重要的来源，只有培养料中含有足够的水分，子实体才能正常地分化和发育。实践证明，草菇培养料的含水量在65%～75%较为适宜。当培养料中的水分由于蒸发和菌丝体吸收而减少时，应注意采取适当的方法及时补充。

草菇在生长发育过程中，还要求生长环境保持一定的空气相对湿度。一般在菌丝生长阶段，要求空气相对湿度低一些，以70%左右为宜。在子实体分化发育阶段，要求较高的空气相对湿度，一般在85%～95%为宜。如果空气相对湿度低于60%，子实体会停止发育。当空气相对湿度降至40%～50%时。子实体便不再分化，即使已分化出来的小菇蕾也会枯死。应当指出，尽管在子实体发育阶段要求较高的空气相对湿度，但也不能过高，最好不要超过96%，否则不仅容易引起杂菌的生长，而且容易造成子实体的腐烂。过高的空气相对湿度还会阻碍菇体的蒸腾作用，严重影响细胞原生质的流动和营养物质的运输。

（三）酸碱度（pH值）

大多数的食用菌都喜欢酸性的培养环境，一般最适pH值为5～5.5。而草菇的情况较为特殊，它喜欢偏碱性的培养环境。虽然草菇菌丝在pH值4～10的范围均可生长，但其菌丝生长的最适pH值为7.5，孢子萌发的最适pH值为7～7.5。在pH值为8的培养料中，草菇菌丝和子实体均能正常生长发育。因此，在草菇生产过程中培养料的pH值一般都调至8～8.5。为了使菌丝生长在比较稳定的pH范围内，在配制培养料时可以添加适量的磷酸二氢钾和磷酸氢二钾等缓冲物质，或者添加适量的碳酸钙等中和剂。

(四)氧气和二氧化碳

氧气和二氧化碳也是影响草菇生长发育的重要因素。草菇是好气性真菌,生长发育过程要求有较为充足的氧气供应。如果空气不流通、氧气不足,就会抑制草菇菌丝的生长和子实体的发育。一般空气中氧气的含量约为21%,二氧化碳含量约为0.03%。草菇菌丝在进行呼吸作用时,吸收氧气排出二氧化碳,所以要定时对菇房进行通风换气。

草菇在接种后3～4天发菌期间,需要较少量的空气,每天只进行短时间的通风换气即可。当子实体形成后,尤其是菇体收获前的1～2天,呼吸作用旺盛,对氧气的要求也急剧增加。这时空气中二氧化碳浓度达到0.1%就会对子实体产生毒害作用,可以表现为原基数量的减少、菌盖形成的抑制、子实体发育畸形等,有时甚至完全抑制了子实体的发育。但是,空气流通也不能太快,以免使水分过分蒸发和温度下降。

(五)光 照

由于草菇细胞不含叶绿素,不能进行光合作用,因此其生长发育过程不需要直射光线。特别是草菇菌丝体的生长可以完全不需要光照,在完全黑暗条件下其菌丝可以正常地生长,直接的光照反而会抑制其菌丝的生长。但是草菇子实体的发育却需要适量的散射光,虽然在黑暗条件下也能形成正常子实体,但适当的光照对子实体的分化有促进作用。试验证明,草菇子实体发育阶段的最适光照强度为50勒。此外,光照还可以影响子实体的光泽和颜色,当光线强时草菇子实体的颜色深黑而发亮;当光照不足时则灰黑而暗淡,有时近乎灰白色。

第三章　草菇的菌种制作工艺

草菇的生长繁殖栽培离不开菌种。在英语中，菌种译为"Spawn"，来源于拉丁文，本意是扩大的意思。草菇的"种子"是孢子，通常所用的菌种是菌丝体，相当于高等植物的秧苗。种子一般处于休眠状态，而秧苗常处于生长状态。草菇栽培用的菌种是菌丝体，就如水稻不用种子，而用秧苗一样。

草菇菌种由3部分组成，即草菇菌株的纯菌丝体、菌丝体着生的基质和包装容器；草菇菌种因培养基质结构不同，有固体菌种与液体菌种之分。在固体菌种中，按基质成分的不同，又分为粪草菌种、谷粒菌种等。若按菌种生产繁殖过程的先后，又有母种、原种、栽培种之分，或称其为一级种、二级种、三级种。

草菇菌种的生产与作物种子的扩繁有本质的差别，其原因是菌种生产为无性繁殖过程，不发生遗传重组，母种、原种和栽培种之间的基因型是不变的，所以草菇菌种的分级尤其是原种与栽培种的划分是人为的。在生产实践中，原种与栽培种可能有一定的差别，这种差别不是由于菌种本身种性的差别，而是在菌种生产过程中由于隐性污染，栽培种的纯度可能比原种低。

一、制种设备及设施

(一)灭菌设备

年生产能力20万~50万瓶(袋)菌种,加工300~500吨盐渍菇的食用菌生产厂,必须安装1~2吨的高压蒸汽锅炉。生产所用的灭菌设备分为2类,第一类是高压高温(100~196千帕,125℃以上)蒸汽灭菌罐,适合正规的草菇厂采用。第二类是不同造型的常压常温蒸汽灭菌灶(炉),投资少,较安全,适用于农户生产。

1. 高压蒸汽灭菌设备 主要构造与功能为:罐体内放置瓶(袋)等灭菌物,压力表指示锅内压力及温度,排气阀排除冷空气,安全阀在超过规定的压力时自动放气降压。高压蒸汽灭菌设备常用的有手提式灭菌器、卧式圆形灭菌罐、卧式方形灭菌柜。

利用高压蒸汽设备灭菌时,应注意以下2点:一是灭菌罐内的菌种瓶(袋)排列密度须适当,使蒸汽畅通,无死角。二是灭菌罐内冷空气必须排净,通蒸汽后,打开排气阀,随着罐内温度上升,锅内冷空气便逐渐排出。当有大量蒸汽从排气阀中排出时,再关闭排气阀。灭菌结束后,让其自然冷却。当压力指针回到0位时,打开罐盖1/4开度,利用余热烘烤棉塞,防止骤冷产生冷凝水。然后趁热取出,送入清洁的冷却室进行冷却。

2. 常压蒸汽灭菌锅 一般农户大多用常压蒸汽灭菌锅,其容积可大可小,依生产量而定。常压灶经济实用,容量大,可自行建造,因灭菌温度不高于100℃,基质中的养分不易破坏。但灭菌时间长，燃料耗费多。常压蒸汽灭菌锅的建造要点是：在灶台上用砖和水泥砌100厘米高的蒸汽室，锅盖用镀锌铁皮做成伞形，盖顶留有温度计插孔。在锅与烟囱之间的火道上安一个预热水锅，烟道余热将锅内水加热，不断地补入锅中补充损耗的水，以节省能源。常压蒸汽灭菌应注意以下事项：①灭菌袋或瓶在锅内不能挤压，层与层之间要用层屉或铁筐分开，便于蒸汽在锅内均匀流通。②当点火后发生蒸汽时，打开下面的排气孔，排出冷空气。当有直冲蒸汽排出时，即可关闭排气孔，待温度升至100℃时，开始计时，连续保持8小时以上。③点火前将锅内和外水锅加足水，在灭菌全过程中要注意铁锅内的水位，要及时添水，防止烧干锅。④在灭菌的全过程中，火力应按猛攻、恒温、降温的程序操作。即开始火宜猛，尽快达到100℃，时间以3～4小时为宜，防止升温缓慢，时间过长，引起原料变酸；当温度升至100℃时，要保持温度不变，不能时高时低影响灭菌效果。当到达灭菌时间后再猛攻一会儿，然后让锅内温度缓缓降低，当降至60℃，方可开门取物。

3. 多功能蒸汽炉 蒸汽炉结合了高压蒸汽灭菌设备的高效率和常压蒸汽灭菌灶的安全便宜之优点，灭菌温度介于土蒸锅与高压锅之间，一般土蒸锅灭菌温度在80℃～100℃，高压锅在115℃～127℃，而蒸汽炉灭菌温度在100℃～103℃。是农户较适用的设备，价格在3 000元左右。

使用蒸汽炉灭菌，在装瓶（袋）场所就近整理地面，铺一层竹竿或砖，目的是让菌瓶（袋）与地面隔离，防止灭菌时冷凝水浸湿。若料袋可垒成梯形堆，一般8～12层较好。种瓶则可装筐灭菌。蒸汽炉灭菌多者一次可装料2～3吨。码好堆后，盖上两层塑料布，为保温再盖苫布或草帘。用砖或重物沿四周将两层塑料布与苫布压严，以防止蒸汽压力把覆盖物掀起。准备好后，将蒸汽炉的输气管插入袋垛底层的竹竿或砖缝隙间，向蒸汽炉内加水达到标准水位。检查水位计及压力表是否正常。煤火旺烧 10～20 分钟，炉内蒸汽压力可达 49 千帕，此时打开排气阀向料袋堆通放蒸汽，2 小时后料温可达 100℃以上。多功能蒸汽炉的使用气压为 49 千帕，超过此压力时自动放气，安全可靠。旺火耗煤量为 20～26 千克/时，常火燃煤 6～8 千克/时。旺火耗水 90 升/时，产汽量为 90～120 米^3/时。当料堆中心温度升至 90℃时，继续烧 5～6 小时后停火，当料袋温度降至 30℃左右时接种。

(二)制种设施

1. 接种室 接种室为高度洁净的无菌区，一般长、宽各 2 米左右，高约 2.2 米。墙顶装紫外线灯和日光灯各 1 盏。地面光洁有下水道，墙壁用防水涂料或油漆刷白，便于冲洗消毒。接种室外间为缓冲室，其长度与接种室相同，宽 1 米。缓冲室墙顶也装紫外线灯和日光灯各 1 盏，壁上有挂衣架。接种室和缓冲室的门均应为推拉门结构。紫外线灯用于空气消毒，既干净又无污染，是一种很好的消毒方法，因而长期被广泛地采用。据测定，在空气相对湿度为 98%，每立方米含臭氧浓度为 5.67 毫克时，紫外线照射产生的臭氧可以杀灭 99.1%的枯草杆菌和黑色变种芽胞杆菌。紫外线灯管以悬吊在顶棚下为宜，一般应安装在离操作台 1.5 米处。紫外线作用最适温度为 26.7℃。在潮湿情况下，紫外线灯效果降低。

条件允许时，应安装空气过滤装置，以滤除杂菌灰尘。无菌通风设备一般是由离心鼓风机、装有滤板的风箱和风道组成。理想的通风设备应有加热或和冷却空气的装置。无菌空气应自室顶棚中央进入，而由房间的下角风口排出，排风的方向应先经过缓冲间，再经过更衣室。标准接种室的气压应保持正压，大约高出室外 30.4～50.7 千帕（0.3～0.5 大气压），这样就防止了外界不洁空气的反流。

接种室内也可设置超净工作台，利用其过滤除菌的原理，先将空气过滤到无菌，然后将无菌空气从风洞处朝一个方向吹出，使工作台面成为局部无菌状态。

生物粒子如细菌及真菌孢子的直径大部分在 0.5 微米左右，因它们不能独立存在，都寄附于尘埃上而成为一个群体，凝聚直径都大于 0.5 微米，故高效空气过滤器在除尘时除了菌。

2. 接种箱 在资金与场地条件都不充裕的情况下，可用接种箱因陋就简进行接种。接种箱的顶部两侧呈倾斜状，斜面为可开闭的窗门，窗门与箱框需密闭。箱底部两侧箱壁上各有 2 孔，孔上装袖套，接种时手由袖套伸入箱内操作。箱内有紫外线灯和日光灯。

3. 蒸汽保护接种 在蒸汽流上方的无菌区域范围内接种，所需装置式样不固定，大多为加热器、水壶和工作台组成，菇农可根据其原理自行设置。加热器大多为电炉，也可用煤炉。炉上置小口的水壶或水锅，壶或锅上方为工作台，台面上有 10 厘米×20 厘米的孔，台面孔和壶口或锅口紧密相接，使壶口（锅口）产生的蒸汽集中从孔口喷出。接种前，先加热壶或锅中之水，蒸汽产生后，在孔口上方就形成了一个无菌区域，这时就可接种。接种时，将原种和待接菌种的瓶口对准台孔，按照常规法接种。

4. 接种帐接种 "蚊帐"式塑料接种棚用 3 米宽、0.05 毫米厚的农用塑料薄膜制作。接种棚的规格长 3 米×宽 3 米×高 3 米。制作起来极为简便，先剪取 13.5 米长的塑料薄膜作为3米见方的接种棚围墙，另取3米长的薄膜作为“棚顶”。然后用塑料封口机或电烙铁将两块薄膜沿边封好，在棚的一侧留有一条掩合的交接线，作为接种棚的门，供接种人员进出和通风排湿用，在接种棚4个顶角各系一条绳子，便于吊挂。这样，一个3米见方的类似蚊帐的塑料接种棚便制成了。

使用前先清理接种场地，再将接种棚吊挂起来，棚高2.5米，余0.5米折向棚内。然后将冷却的菌棒搬入棚内，沿棚壁堆放，将塑料棚折起部分压紧压实。棚中留一块空地，供放接种桌和工作人员走动。准备就绪后，关闭接种棚进行消毒。接种完毕后菌棒可就地培养，用种块直接封口，待菌丝长到5～10厘米后再摘棚。每次可接1 000袋菌棒，接种时间5小时左右。

5. 培养室 接种后的瓶(袋)需要在适温条件下培养。为提高建筑面积的利用率，室内可设置菌种架。架数、层次、层距等的设计除考虑培养空间的利用率外，还应顾及摆放瓶(袋)及检查的方便性。床架可以是竹木结构，也可以用角钢制作。架上铺以木板或塑料板，以便摆放菌种瓶(袋)。架子的大小规格，依房间大小而定。中间摆放的床架，宽度为12～14米，依墙摆放的床架，宽度0.7～0.9米即可。床架的层数视菇房高度而定，一般5～6层，每层相距0.5米左右，底层距地面0.3米，顶层距屋顶至少1米。为了便于调温、调湿、换气，培养室应设地窗并安装空调。地窗设纱窗，保温时关闭，换气时开启。发菌期可无光培养，检查时采用手持式工作照明灯或装日光灯。

(三)加温、加湿器械

1. 电热恒温箱 采用自然对流式的结构，冷空气从底部风孔进入，经电热器加热后从两侧空间对流上升，并从内壁左、右侧小孔进入内室，再由箱顶的封顶盖调节，使内部温度恒定。它适用于低温季节，不适用于高温季节。

2. 生化培养箱 可调节温、湿、气，恒温降温效果均佳，一年四季都能使用。

3. 电热器 主要用于菌种培养室的升温。①反射式电热器。它由电热元件、控温器、光反射罩、外壳、保护网等构成。电热元件有裸露电热丝式、石英管电热式。裸露式使用不安全。石英管式有红外线辐射作用，加热效果较好，使用寿命较长，缺点是热量过于集中在房（棚）的某一角。②吹风式电热器。结构与反射式基本相同，不同之处就是加了吹风机，通过强制对流的方式，把热空气送到周围空间，使房间温度较均匀。③充油式电热器。电热元件是镶在炉内百叶式散热片油管内的加热器，靠油的循环传热。其优点是发热均匀，且无干燥感，电热元件寿命长。

4. 加湿器 用于示范栽培中的升温保湿。①离心加湿器。其原理是利用高速旋转离心力的作用，将水甩成雾状进行加湿。特点是使用简便，容易控制。缺点是雾滴较大，加湿半径小，还会影响室温。②电极式加湿器。用 3 根不锈钢（或铜）棒作为电极，安在不易锈蚀的水容器中，以水作电阻，金属容器接地，三相电源接通后电流从水中通过，水被加热，而产生蒸汽，蒸汽由排出管道到达待加湿的空气中。水容器的水位越高，导电面积越大，则通过的电流越强，产生的蒸汽量就越多。因此，可以通过改变液流管高低的办法来调节水位高低，从而调节电流及蒸汽量，一般 1 千瓦时约 1 千克。优点是简单，制作方便，缺水时不会损坏电热元件。缺点是电极和内箱要经常清洗除垢，否则电阻过大，使功率降低而影响正常工作。③超声波加湿器。其原理是电子线路产生高频率的超声波振荡，使水变成雾状，雾滴小，效率高。④水压喷雾装置。由干、支、毛3级水管组成。在毛管上每隔2～3米安装1个微喷头（WP型塑料全圆喷头），工作压为100千帕，喷水量为48升/时，喷雾半径280厘米。优点是安装容易，使用方便，适宜大面积栽培，喷雾范围大，一机多用，既增湿又可辅助降温。缺点是要求有一定的水压，水质清洁，否则易堵塞，要经常清洗。

高温季节草菇的生产管理主要是降温。有条件的地区，可采用冷气机或空调器，但投资较大、耗电量多。最节省投资的办法是棚顶加盖遮阳物，使之形成阴凉环境，在每日的高温期，从棚顶或棚内喷雾（最好用井水）降温，一般可降低3℃～5℃。

（四）制种工具

1. 接种工具 菌种移接的工具大多是自己加工制作的，最普通的制作材料是自行车辐条。一般钢丝烧灼后容易生锈，所以制作接种工具最好使用不锈钢丝、电焊条或镁合金钢丝制作。①接种刀。用自行车钢丝或不锈钢丝锻制。将钢丝一端烧红，弯成90°角，锤扁，用砂轮打磨成镰刀状，刀口要薄、锋利，两边均留有刀刃。用于斜面菌种的纵向切割。②接种锄（耙）。用自行车钢丝或不锈钢丝锻制。将钢丝一端烧红、锤扁，用砂轮打磨成铲状，前端刀刃要锋利，在火炉上烧红后，将前端呈90°角弯曲，使之呈锄或耙状。用于刮除菌种表面老化菌丝、子实体原基和斜面菌种的横向切割，或将母种切断移接到原种培养瓶内。③接种铲。用自行车辐条或不锈钢丝锻制。将钢丝一端烧红、锤扁，用砂轮打磨成铲状，刀口要薄、锋利，用于挑取子实体组织块或挑取带有小块琼脂的母种。④接种环。取针灸用不锈钢针1根，剪去针尖和针柄留下5.5～6厘米长，将前端卷成环状，直径3～4毫米。在医药器械商店购买接种棒，将接种环固定在接种棒的插孔内。如无专用接种棒，可用细钢丝将接种环固定在适当粗细的钢丝或自行车钢丝上。用于移接孢子稀释液等。⑤接种针。取针灸用不锈钢针1根，剪去针尖和针柄，留下4.5～5厘米长。将前端弯曲或不弯曲，按接种环方法固定在接种棒或钢丝上。用于刮取菌褶上的孢子，或在平板上挑取微小菌落。⑥接种匙。用自行车辐条、电焊条或适当粗细的不锈钢丝锻制。将钢丝的一端烧红、锤扁，加工成匙状，前端刀刃要锋利。用于木屑、草粉或谷粒原种的接种。接种室内常用器械工具还有解剖刀、手术刀、酒精灯、搪瓷方盘、培养皿、广口瓶(装酒精棉球)、接种针插座(用橡皮塞制作)、菌种瓶架(固定菌种瓶用，可任意调节方向和高度)。

2. 制种用塑料袋 草菇制种常用袋的规格一般长30厘米×宽17厘米，厚度为0.04～0.05毫米。袋的口径粗细须与装袋机的出料口相匹配，否则不便使用机械装袋。薄膜不能太厚，否则出袋少，成本增大，太薄则容易破裂，引起杂菌污染。

(1)聚丙烯(PP) 是制种首选的品种。其强度好，透明度高，耐热性强，能经高温132℃不熔化。但在低温时抗冲击性较差，质地脆硬。优点是灭菌后袋与料紧贴没有空隙，便于观察菌丝生长情况。

(2)高密度低压聚乙烯(HDPE) 又称低压聚乙烯，呈蜡白色，半透明。其特点是质地柔韧，在低温条件下装料不易脆裂，竖向抗拉力强，但横向易撕裂。能耐115℃～135℃高温，一般用于常压蒸汽灭菌。缺点是灭菌后袋与料间有空隙，透明度略差。

(3)低密度高压聚乙烯(LDPE) 又称高压聚乙烯,柔软,透明,韧性好,耐冲击,拉伸强度高,但耐高温性能比低压聚乙烯差,所以不适用于制种或熟料栽培,常用于生料栽培平菇及袋栽草菇。袋的规格一般为宽22厘米×长40厘米,厚为0.02～0.03厘米。如果筒径太小,装料少,对于一个生产单元(袋)而言,营养及水分不充足,生物转化率偏低。筒径太大,装料多,但不利于发菌。

菌种袋保证的质量标准为:要求以优质原料而非再生料吹制;薄膜厚薄均匀、筒的扁宽一致;无沙眼,无针孔,无凹凸不平;抗张强度好,不易断裂;耐高温,装料后经100℃灭菌,保持14～16小时,不破裂、不熔化。

3. 玻璃器材 主要用于菌种分离及制备,常用的有:①试管。用于制作母种,内口径在18～20毫米,长180～200毫米。②菌种瓶。用于制作原种或栽培种,白色透明,高200毫米,口径30毫米,容量750毫升。③罐头瓶。菌种瓶的代用品,白色透明,高105毫米,口径62毫米,容量500毫升,可用于培养原种。④三角瓶。用于配制培养基和盛无菌水,准备500毫升及1000毫升各2个。⑤烧杯。用于制备培养基,容量500毫升2个。⑥量筒或量杯。500毫升及1000毫升各1个。⑦漏斗。用于分装培养基,9厘米×17厘米1个。⑧广口瓶。用于盛放酒精,500毫升备2～3个。⑨酒精灯。用于火焰接种,根据生产需要购置。⑩温度计。测料温用玻璃温度计,测培养室和栽培房的温、湿度用干湿球温度计。⑪天平。一般500克的药物天平即可。

(五)制种用药剂

1. 表面活性剂 如酒精、来苏儿和新洁尔灭等。使用这些药剂时，一定要注意只有特定浓度时才能达到最佳的消毒效果。例如，酒精在浓度为70%时其渗透力最强，消毒效果最佳。

2. 氧化剂 如高锰酸钾、漂白粉等。高锰酸钾通常与甲醛一起使用，这时用来对接种间和培养室等进行混合熏蒸消毒。一般每立方米的空间需用40%甲醛溶液8毫升，高锰酸钾5克气化熏蒸，熏蒸时要注意把门窗缝漏处糊起来。先分几点把高锰酸钾放于一个较深的容器里，再加入甲醛溶液。漂白粉使用时应先溶于水中，然后对消毒的物品或表面进行喷雾。

3. 增氧剂 化学成分为过氧化钙。在酸性条件下生成过氧化氢。在水及潮湿环境中缓慢分解放出氧气，生成氢氧化钙，因此可长时间提供氧气。这个特性很重要，在食用菌制种或栽培时拌入培养料，能不断提供氧气及中和酸度，使菌丝生长浓密、洁白，菌丝提早发满料，有增产作用，且具有一定的抑制杂菌作用。使用时加入料中即可，用量为0.3%左右。

4. 保湿剂 高分子树脂可以用作食用菌栽培中的保湿剂。在各种食用菌制种和生产中可作为培养料的调湿剂，用量0.1%～1%。也可用于草菇及覆土栽培的食用菌，添加于覆土材料内，用于覆盖，可大大节省喷水次数，并减少水害。如草菇夏季栽培，水分蒸发量大，每天需喷水3～4次，而加保水剂后每2天喷水1次已够，且产菇量比对照增加较明显。

5. 测温剂 检测灭菌设备内或料内能否达到设定的温度，采用探针式测温表或留点温度计较方便，但成本较高。因此，也可自制熔融温度指示剂进行测定，如在安瓿瓶或者短玻璃管内装入苯甲酸晶体，瓶口熔封后与物料放在一起灭菌。之后如果瓶内晶体已熔化，说明灭菌温度已达到121℃。

二、菌种的制作

在我们制作菌种前，首先要弄清菌种的概念。菌种是孢子萌发后所生长的菌丝体或挑取子实体的组织块生长形成的菌丝体。将分离的组织块上所长出的菌丝体再移植到适合它生长的培养基上，经大量繁殖后供草菇栽培用。草菇菌种的作用如同农作物的种子一样，均是用来繁衍下一代。但草菇的菌种与农作物的种子是有根本区别的，农作物的种子是生殖器官即果实或种子，而食用菌的菌种是由生长到一定阶段的菌丝体(无性器官)及其赖以生存的培养基质所组成。农作物的产品器官通常可作种子，而食用菌则需经过较复杂的制种过程才能得到生产上所需的菌种。因此，草菇菌种的制作是其栽培中极关键的一环。草菇菌种的制作按习惯分为母种、原种、栽培种 3 级。

草菇菌种制作的工艺流程如下：

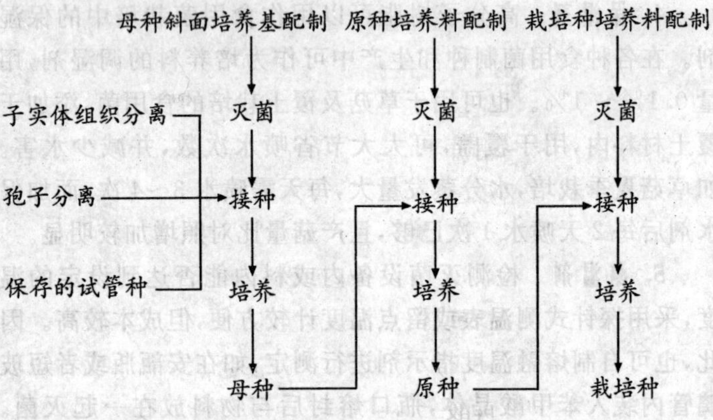

(一)母种制作

1. 培养基的制备和灭菌

(1)培养基配方

配方 1　马铃薯(去皮)200 克,琼脂 20 克,葡萄糖 20 克,水 1 000 毫升。

配方 2　马铃薯(去皮)200 克,琼脂 20 克,葡萄糖 20 克,磷酸二氢钾 2 克,硫酸镁 1 克,水 1 000 毫升。

配方 3　马铃薯(去皮)200 克,琼脂 20 克,葡萄糖 20 克,磷酸二氢钾 2 克,硫酸镁 2 克,硫酸铵 3 克,维生素 B_1 0.5 毫克,水 1 000 毫升。

配方 4　马铃薯(去皮)200 克,琼脂 20 克,葡萄糖 20 克,硫酸铵 3 克,酵母浸膏 6 克,水 1 000 毫升。

配方 5　琼脂 20 克,葡萄糖 20 克,磷酸二氢钾 0.6 克,硫酸镁 0.5 克,维生素 $B_1$0.5 毫克,水 1 000 毫升。

配方 6　琼脂 20 克,磷酸二氢钾 0.64 克,葡萄糖 20 克,磷酸氢二钾 1 克,硫酸镁 0.5 克,维生素 $B_1$0.5 毫克,水 1 000 毫升。

配制以上的培养基时应注意以下几个问题:一是配方中所用的葡萄糖可以用蔗糖代替,用量相同。二是琼脂的用量在夏季高温时可增加至 25 克左右,到了冬季则可以减少至 18 克。三是在条件许可的情况下,特别是在用硬水的地方用蒸馏水较好。四是用 40%氢氧化钠溶液将培养基的酸碱度(pH)调至 7.5～8 时更适宜菌丝体生长,不调整亦可。五是用作繁殖母种接原种用的选择配方 1 即可,如留作保存的菌种则选用配方中有磷酸二氢钾的较适宜。因为磷酸二氢钾是缓冲剂,有延缓 pH 值下降的作用,故适应较长时间保存。

(2)培养基制备方法　以配方 1 为例。将马铃薯去皮，洗净(发芽薯块应将芽眼挖去，因芽眼处含有有毒的龙葵素)切成薄片或小块，再洗净后称取 200 克，加水 1 000 毫升，煮沸直至软而不烂为止，用 8 层纱布(浸湿后拧干)过滤，取滤液。

称取 20 克琼脂浸入水中漂洗，挤干，然后加入滤液中，煮至琼脂全部溶化，再用 8 层纱布过滤。如滤液不足 1 000 毫升时趁热加水补足，再加葡萄糖 20 克，搅拌溶化，趁热倒入漏斗分装到试管中(参见金盾版《食用菌制种技术》之图 2-19)。注意不要滴在试管口上，如不慎将培养基滴入试管口壁上，应待冷却后用干净纱布擦净，以免造成污染。每支试管装入的培养基，约占试管长度的 1/5 即可。然后向试管口塞入松紧适度的棉塞。

(3)培养基的灭菌　自然界的微生物是无处不在的，如土壤、空气、水、动植物体、人体及所使用的一切物品都带有无数的微生物。要成功得到草菇纯菌丝的菌种(特别是母种菌丝体的纯度直接影响到原种乃至栽培种的质量)，就必须彻底消灭各种微生物，把它们全部杀死，为草菇菌丝生长创造一个无菌的环境。消毒灭菌就是为了达到这一目的。

母种(试管种)培养基的灭菌最好是用高压蒸汽灭菌锅，一般常用手提式高压蒸汽灭菌锅。一口蒸汽灭菌锅可装 21 毫米×200 毫米试管 120 支左右，或 15 毫米×150 毫米试管 240 支左右。高压蒸汽灭菌是湿热灭菌方法的一种，灭菌效果好，能保证灭菌质量。现将高压蒸汽灭菌程序介绍如下。

将手提式高压蒸汽灭菌锅的锅盖打开，取出里面的铝制桶。如用电加热，将水放至水面超过电热管；如用煤炉式打气炉加热，将水放至铝制桶底面(具体参照说明书)。在桶中竖放入装好培养基的试管，上覆牛皮纸，最后将锅盖盖上。螺丝要对角同时旋紧，松紧适度，防止锅盖一边翘起而漏气。开始加热，当压力表指针上升至49千帕(0.5千克/平方厘米)时打开排气阀，放净锅内冷空气，至指针回到0时关闭放气阀，再继续加热至118千帕(1.2千克/平方厘米)时保持30分钟，灭菌完毕。每次灭菌后要等压力降至0时再将放气阀打开，释放余气，揭开锅盖将牛皮纸取出。然后盖上锅盖，略开一条缝，让蒸汽渐渐散出，并利用余热烘干棉塞。最后再取出试管，趁热排成斜面(图3)。

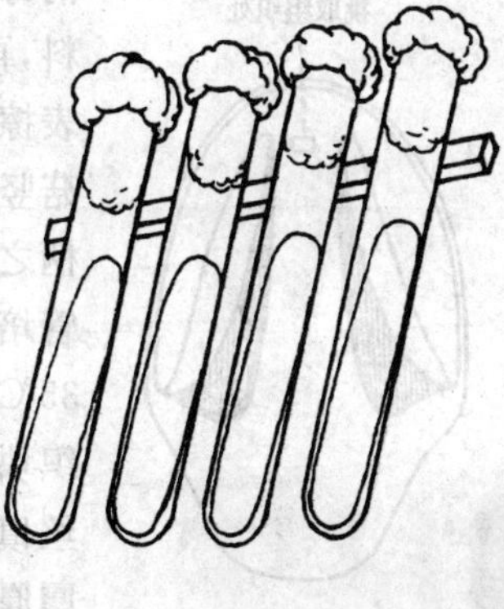

图3 试管斜面培养基

2. 母种的制备 草菇母种的分离方法可分为组织分离法和孢子分离法2种。生产上用种只要采用组织分离法就可以达到提纯复壮的效果。孢子分离法比较复杂，一般作为育种手段，不论采取哪种分离方法，都应选择好种菇。种菇应从菌丝生长快，出菇早，死菇少，收获期长，产量高而均衡的菇床上选取。要选菇型大，菇柄短，包被厚的作为分离材料。接种前先将接种用具和培养基放入接种箱，并放进瓷碗或玻璃碗，然后按每立方米容积用高锰酸钾5克、40%甲醛溶液10毫升的量，先在碗里放进高锰酸钾，后再加入甲醛溶液，立即密封接种箱，熏蒸消毒30分钟。如有紫外线灭菌灯，同时开启照射30分钟，消毒灭菌效果更好。

(1)组织分离法 将种菇放入消过毒的接种箱内。两手、解剖刀、刀片等用70%酒精棉球擦遍，将刀在酒精灯火焰上

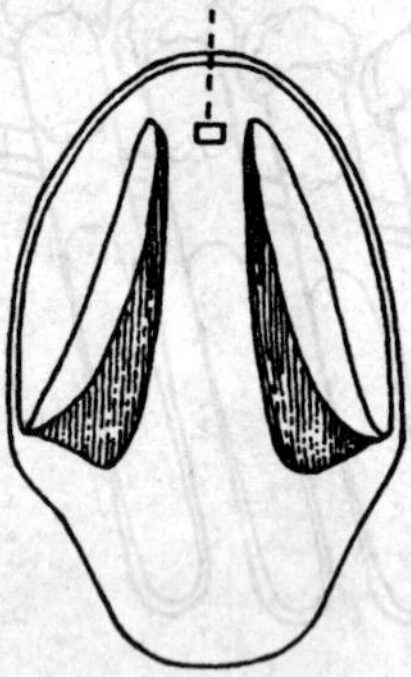

图 4　母种组织分离

消毒。切除种菇根部的泥土或培养料，再用 70%酒精棉球将种菇的外表擦遍。然后用解剖刀或刀片将种菇竖立从中间剖开，挑取菇盖和菇柄之间的一小块组织，迅速接入试管培养基中间（图 4）。在 33℃～35℃下培养 3～4 天后即可看到组织块周围长出白色稀疏纤细的菌丝，1 周左右整个斜面就会长满一层厚厚的白色菌丝。再培养一段时间，菌丝变淡黄色，菌丝内会出现一点一点的紫红色厚垣孢子，说明分离成功。如出现白色、红色的糊状菌落，即为细菌或酵母菌菌落；出现青、黄、黑等颜色，说明有青霉、曲霉、根霉等杂菌，均应除去。分离成功的试管，在马铃薯葡萄糖琼脂培养基上进行 1 次扩大培养，即成母种。

（2）*孢子分离法*　对种菇的选择标准同组织分离法。在菇床上做好标记，让菇蕾自然展开。当菌盖从菌托中伸出，到菌盖完全开展，菌褶呈褐色时，用消过毒的小刀将菌柄切除，用消毒纸包好，带入无菌室内，用 70%酒精棉球消毒菌盖与菌柄，然后插入消毒好的孢子收集器中，放在 20℃以上的温度下收集孢子（参阅金盾版《食用菌周年生产技术》之图 14）。收集的时间不宜过长，一般看到培养皿内白色滤纸上有咖啡色即可取出，把培养皿封好备用。

剪取落有孢子的滤纸条，放在注射用蒸馏水安瓿瓶中，将滤纸上的孢子洗下，使悬浮液略显色泽。用无菌注射器吸取悬浮液，滴 2～3 滴于平板培养皿上，用三角玻璃架推开，使孢子均匀分布于培养皿表面，置 40℃条件下培养，孢子通常经

16～20 小时萌发。

另一种方法是用盛有马铃薯葡萄糖琼脂培养基的培养皿直接从成熟子实体接收孢子。采孢子的时间取决于所需孢子的密度和子实体的成熟度，一般由 10 秒至 2 分钟。采后放于 40℃条件下培养。

孢子萌发后，肉眼看到单个菌落即挑选到试管中。一般是选那些菌丝粗壮有力，产生厚垣孢子较多的菌落。生产用种必须做出菇试验。

采收孢子是一件较复杂的工作。使用的每一种用具都要经过彻底灭菌。要严格遵循无菌操作程序，同时还要有丰富的经验。如操作不当，不是采不到孢子，就是得到生活力差的孢子。之所以产生这种现象，大致有以下几种原因：一是种菇发育不良，不产生孢子；二是种菇尚未成熟或菌伞已经开裂，孢子在消毒过程中被杀死；三是种菇消毒操作不当，如处理时间过长等；四是采集孢子装置内空气过于干燥，种菇过早枯萎；五是收集孢子的培养皿内含水，孢子落下后遇水萌发，而且因缺乏营养造成初生芽管死亡；六是收集孢子过程中，因温度过高、过低或变化太大，不适合孢子的弹落；七是孢子萌发条件不适宜，如培养基的氢离子浓度、营养成分及其浓度不恰当，或温、湿度不适合等。采集孢子时，一定要注意这些条件。

（二）草菇原种与栽培种的制备

原种是将母种移接于盛有培养料的瓶中进行扩大培养而制成的菌种。原种可以直接作栽培种用。一般原种再转接到同一种培养料上进行扩大培养，即为栽培种。原种一般装在 750 毫升的蘑菇瓶比较好，栽培种可用瓶装或塑料袋装。用瓶装种的纯度高一些，塑料袋装种，栽培时方便、省工，各有长处。

1. 培养料的配制

配方1 稻草90%，麸皮（米糠）9%，石膏粉1%。配制方法是选取金黄色、无霉烂的干稻草，切成约3厘米长，在清水中浸泡12小时左右，使之充分吸水（只有吸透水的稻草灭菌才容易彻底）。捞起后挤掉多余的水分，按比例加入麸皮（米糠）、石膏粉，充分拌匀，湿度以手握有水珠连续滴下为适宜。然后装入菌种瓶中，一边装一边用木棒压实，松紧要适中，750毫升的菌种瓶约装75克干稻草。稻草装至离瓶口约5厘米处为止，不宜太满。装好后用尖木棒在中央扎一小洞，深至瓶中部，以利于接种。洗净或擦净瓶口内外及瓶身外附着的培养基，擦干瓶口内壁后塞上棉塞，并用纸包扎瓶口，进行灭菌。

配方2 棉籽壳94%，麸皮5%，石膏粉1%。用6%石灰（将石灰加入水化开）水拌料。配制方法是将棉籽壳预湿后加入辅料，含水量在60%左右，即可装瓶。装瓶方法同配方1。

配方3 麦粒98.5%，石膏粉1%，碳酸钙0.5%。配制方法是先将麦粒用12%～15%的石灰水浸泡4小时，加热煮沸15分钟。然后过滤，让麦粒稍微收干，冷却后拌入石膏粉和碳酸钙，立即装瓶。装瓶时瓶底放一薄层湿度为30%～40%的砻糠，瓶肩处装一薄层棉籽壳或砻糠为封口料，以减少杂菌污染。其余培养料的装瓶方法，同配方1。此法宜做原种。如做栽培种，由于营养较好易引起污染。

配方4 甘蔗渣100千克，麦麸15千克，复合肥（氮、磷、钾）1千克，石灰5千克，水150升，pH值8～9。甘蔗渣要粉碎过筛，制作见配方1。

配方5 牛粪干料48%，碎麦秆（或稻草）50%，石灰2%，水适量，牛粪干后要粉碎，草料切成5厘米长，加入石膏粉，边拌边堆边洒水，堆制3天，翻堆2次，至草变软后装袋。

2. 灭菌 装好培养料的瓶（袋）要当天灭菌，以免培养料发酵变质。原种和栽培种的灭菌是一样的。如用高压蒸汽灭菌锅，在137～147千帕压力下，灭菌1.5～2小时。如用常压灭菌灶（参见金盾版《金针菇高产栽培技术》之图3-2）灭菌，连续煮沸7～8小时，并焖1夜，亦能达到灭菌的目的。

3. 接种 灭菌后随即把菌种瓶取出送至接种箱或接种台内，冷却后即可接种。将长好的斜面试管母种用接种针挑取一块，连同培养基迅速放入培养料瓶的洞穴上，塞上棉塞。一般每支母种接4～8瓶原种，每瓶原种接60瓶（袋）左右栽培种。

4. 培养 接种后全部移至培养箱或培养室，室温宜在30℃～32℃。24小时后即可检查，在菌丝封口前最好每天检查1遍，及时拣出污染的菌种。菌种长满瓶后3～5天为最适菌龄，750毫升蘑菇瓶的菌龄为25～30天。特别要指出的是培养室要清洁、通风，室外环境也要清洁。

（三）草菇菌种的质量要求

草菇菌种无论是自己分离的或是引进的，都必须经过出菇试验。在确认是高产、优质的菇种后方可扩大培养，供应生产单位使用，以免造成经济损失。合格的菌种质量要求（供参考）如下。

第一，菌丝淡黄色、透明，厚垣孢子较多或无厚垣孢子，全瓶菌丝分布均匀，培养基含水量适宜（65%左右）。

第二，菌种的菌龄适宜，新鲜、健壮，生长势强。

第三，无杂菌、无虫害。

凡有以下几种情形之一者，为不合格的菌种。

其一，菌丝白色、透明，无厚垣孢子或很少，属幼龄菌种，须继续培养到适龄期方可使用。

其二，菌丝逐渐稀少，但有大量厚垣孢子充满料内，菌丝黄色、浓密如菌被，上层菌丝萎缩，属老龄菌种，对产量影响较大，不宜使用。

其三，菌丝稀疏、透明，纤细如蜘蛛丝样，说明菌丝吸收营养不足，菌丝分枝少，常见于培养料灭菌不彻底，草料表面有大量枯草杆菌繁殖，影响草菇菌丝吸收营养所致，这样的菌种亦不宜使用。

其四，菌种袋沉重，菌丝生长不旺，厚垣孢子堆成团块，系培养料湿度太大所致，菌种质量差。

其五，菌丝逐渐消亡，袋壁蒙上一层会爬动的粉末，是害虫螨类在蛀食菌丝，应予淘汰。

其六，菌丝密集，颜色洁白，有时有小菌核，可能混有杂菌，若瓶内长出墨汁状伞菌，证明已感染鬼伞菌，应予淘汰。

（四）草菇菌种的保藏

草菇菌种的保藏方法与其他食用菌略有区别。其他菌蕈的母种保藏是存放在 4℃的冰箱中，6 个月左右转管 1 次。而草菇的菌丝体在 4℃下会很快冻死，在冬季尤应注意存放好。

草菇的菌种一般存放在 18℃～20℃的恒温箱内，如有条件，夏季最好存放在生化培养箱内。在保藏期间，温度要基本稳定，避免骤升骤降。一般 2～3 个月重新移接转管 1 次。经过冬季移接转管 1 次，防止菌种老化。经过冬季保存的菌种在使用前要进行 1 次出菇试验，并进行组织分离搞好复壮工作，以保证大面积生产能获得高产、稳产。

第四章　草菇的栽培材料

草菇的栽培材料，其来源是很广泛的。一般来说，凡是含有纤维素的材料均可以作为草菇的培养料。目前，我国使用最普遍的是废棉、棉籽壳和稻草。除此之外，甘蔗渣、麦秸、豆秸、玉米芯、玉米秸等也可作为栽培材料，但这些材料有的单独使用产量很低，最好与废棉或稻草混合使用。

1970 年以前，稻草是规模栽培草菇的惟一培养料。1971 年张树庭教授用废棉种植草菇获得成功。1973 年在香港的室内条件下，废棉已作为栽培草菇的培养料，完全替代了传统的稻草，这是草菇栽培史上的一个转折点。废棉培养料栽培出的子实体产量高而稳定，且出菇早。由于废棉在草菇栽培上的应用，导致了我国香港、台湾地区以及印度尼西亚、泰国草菇栽培的半机械化。

20 世纪 80 年代以来，我国大陆地区的许多草菇栽培者也开始利用棉籽壳和废棉作为栽培草菇的培养料，提高了草菇的生物学效率。

近年来，国内各地因地制宜，利用本地区大量的秸秆资源，如麦秸、甘蔗渣、豆秸等栽培草菇，变废为宝，也取得成功。

一、培养料的准备

(一)主　料

1. 稻草　要选择金黄色、无霉味的干燥稻草。这样的稻草营养丰富，发酵期长，杂菌少，种菇产量高。因此，在收割晚稻时就要把稻草充分晒干，堆于计划种菇的地块附近和地势较高的地方。稻草要堆得结实，经常检查，防漏雨、防水浸、防霉烂，以保证翌年种草菇时有优质的稻草使用。早稻草晒干后可立即用于种菇，如不能立即种菇，应把稻草堆起来，防止大雨冲淋。晚稻草贮藏的营养较早稻草丰富，而且秆质较粗硬，不易腐烂，产菇期长，总产量比用早稻草高，因此尽量选择晚稻草作培养料。未经晒干的新鲜稻草不宜用来种菇，凡经雨淋发霉的稻草也不宜栽培草菇。种植667平方米的草菇需稻草7 500～10 000千克。

2. 废棉、棉籽壳 如用纺织厂的下脚棉（废棉）和棉区的棉籽壳栽培草菇，要选用新鲜、无霉变、未受雨淋的原料，收藏好。如在室外，必须在地势高的地方堆放，外覆薄膜，要防止漏雨等。室内堆放，地面最好架空，房子要通风透气。有条件的栽培前最好放在太阳下暴晒2天。

3. 甘蔗渣 使用糖厂的下脚料甘蔗渣时，一般在甘蔗渣冷却过程中，当温度下降至32℃即可播种栽培。如不能或不需马上播种时，要选用新鲜色白、无发酵酸败的甘蔗渣，及时晒干，保存好，防止受潮、霉变。由于甘蔗渣含糖量高，易霉变，一般只能短期保存。

其他农作物的秸秆如大豆秸、麦秸等也可作草菇的培养料，应选用质量好、无霉变的及时晒干收藏，以备后用。

4. 麦秸 麦秸含水分13.5%、粗蛋白质2.7%、粗脂肪1.1%、粗纤维37%、可溶性碳水化合物35.9%、粗灰分9.8%。麦秸含氮、磷、钾分别按0.48%、0.22%、0.63%计，667平方米小麦约产麦秸400千克，含纯氮1.92千克（相当于碳酸氢铵12千克），纯磷0.9千克（相当于过磷酸钙5.62

千克)，纯钾 2.52 千克。

麦秸表面覆有一层蜡质，因此在使用之前一般要浸于石灰水进行处理。

(二)辅　料

作为草菇培养料，禾本科的秸秆如稻草、麦秸等原料含氮量较低，需要予以补充和调整，因而常添加一些含氮素较高的营养性辅料，如各种饼肥、麸皮、米糠、牛粪及尿素、磷钾肥等。草菇可以很好地利用各种有机氮肥，以无机氮肥为惟一氮源时，菌丝生长较慢，且产菇率较低。这是因为草菇菌丝没有充分利用无机氮合成细胞所必需的全部氨基酸的能力。

1. 米糠　米糠是稻谷加工的下脚料，营养含量较为丰富，含粗蛋白质 10.88%、粗脂肪 11.7%、粗纤维 11.5%、可溶性碳水化合物 45%及粗灰分 10.5%。是菇类培养料常用的辅料，一般用量为 10%～20%。

2. 麦麸　麦麸是面粉厂加工面粉时的下脚料，含有小麦的表皮、果皮、种皮、珠心、糊粉等，营养十分丰富，含有粗蛋白质 13.5%、粗脂肪 3.8%、粗纤维 10.4%、可溶性碳水化合物 55.4%、粗灰分 4.8%。此外，含重要的维生素 B_1 7.9 微克/千克。麦麸是草菇栽培中的重要辅料，通常用以补充氮源。麦麸遇湿易结团，最好先和主料干混均匀后再加水调理。配制培养料时应尽量使用新鲜的麦麸。

3. 花生饼　花生饼是花生仁榨油后所剩的糟粕，是草菇栽培中常用的有机氮源。主要营养成分是水分 9%、粗蛋白质 9.4%、粗脂肪 15%、粗纤维 11%、可溶性碳水化合物 46%、粗灰分 9.6%。

4. 畜粪　牛粪在草菇栽培中是一种很好的辅料，添加后草菇培养料产菇率高且品质佳。用作辅料的牛粪需晒干保存，在使用前进行粉碎、除虫处理。

5. 其他辅料 栽培草菇用量最大的是石灰或氧化钙(CaO)。它遇水而生成的氢氧化钙碱性比较强。在草菇生产中，石灰的主要作用是调节培养料的酸碱度，一般每100千克主料加熟石灰4%～5%。在收获首潮菇之后作为调整培养料pH值的石灰水，以1%浓度为宜。为补充草菇培养料中的氮、磷、钾，还常用到尿素、磷酸二氢钾、过磷酸钙等。

二、培养料的处理

草菇喜偏碱性环境，一般对培养料多采用5%石灰水浸泡或拌料，使培养料达到偏碱性，为草菇菌丝生长提供良好的条件，以达到增产和减少病虫害的目的。

草菇一般采用生料栽培，栽培前先将培养料进行发酵处理，使培养料分解为糖类，含氮物质和无机盐，直接供草菇生长发育所利用。此外，培养料经过发酵处理，不但可以杀死其中的杂菌与害虫，同时也可改变培养料的物理性状，使其组织结构变得疏松，通气性较好。不同的栽培材料，其发酵时间和方法不一样，具体操作可见栽培技术。

第五章　草菇栽培场地的设置与消毒

一、室内栽培场地的设置与消毒

(一)菇房的设置

栽培草菇的菇房要求有散射光，能保温保湿，通风换气方便。床架可用水泥钢筋或竹木设置，要求牢固。菌床四周最好不靠墙，走道宽 0.7 米左右。菇床的宽度以 1 米左右为宜，便于操作和发菌，过宽往往菌床中间的菌丝生长不好。床架的层数，以 3～4 层最好，最多 5～6 层。每层间距 0.65～0.8 米，最下 1 层可贴地面设立。菇床表面要求平整，最好用塑料薄膜垫底，也可用芦帘或草帘及稻草铺垫。

(二)菇房的消毒

菇房在使用前要严格消毒，特别是老菇房更要注意消毒。否则，易污染杂菌或使害虫孳生，而导致生产失败。消毒的方法很多，可根据具体条件来选用不同的方法。现介绍几种常用的消毒剂及其使用方法。

1. 硫磺　一般是先将菇房密封好，然后点燃硫磺熏蒸。1 立方米空间约使用 15 克硫磺。

2. 甲醛溶液和高锰酸钾　先将菇房密封好，每立方米空间约使用 40%甲醛溶液 10 毫升加高锰酸钾 4 克。甲醛杀菌力强，但杀虫效果较差，同时甲醛刺激性很强，消毒处理时操作人员要注意防护。

3. 漂白粉 此药使用较为简便，不需要密封菇房，同时杀菌力和渗透性较强，消毒效果较好。漂白粉消毒主要靠氯离子的作用，一般含有效氯30%的漂白粉1千克加水30升，相当于有效氯1%。每平方米表面用上述稀释液225毫升左右喷雾即可。此溶液要现配现用，否则降低杀菌效果。漂白粉有腐蚀作用，操作时要注意人身防护。

4. 硫磺、甲醛溶液、敌敌畏 每1立方米空间用硫磺5克，敌敌畏1克，40%甲醛溶液2毫升与锯木屑混合，加热。密封熏蒸24小时，然后通风换气。

5. 石炭酸 一般使用5%石炭酸液（50克石炭酸加水至1 000毫升），用于室内喷雾消毒或器皿消毒。

6. 波尔多液 使用1%波尔多液（硫酸铜1%加生石灰1%，用100%水配制而成），每平方米面积用量225毫升药液喷洒。

7. 紫外线 有条件的地方可安装紫外线灯进行灭菌。

二、室外栽培场地的设置与消毒

室外栽培草菇的场地，以疏松肥沃、排水良好的沙质壤土（4份沙、6份土）最好。这种壤土的保温、保湿、贮存养分及通气性能均好，有利于草菇菌丝及子实体的生长发育。保水性能差的沙土或土质过黏以及含盐分高的土壤，均不宜用作栽培场地。栽培草菇的场地应靠近水源，有利于浸草和喷水，以节省劳力。浇菇的水质要洁净，无污染和臭气。

气温较低时，应选择背风、向阳的地方，并利用阳光来增加堆温。气温偏高时，应在阴凉、通风的荫棚或树阴、瓜棚下种植。

大面积露天栽培时，应先挖一条宽20～26厘米，深20厘米的环场水沟，用以排除积水。温度偏低时，东西向做畦，以利于菇床均匀接受太阳光。温度偏高时，南北向做畦可均匀接受南风，使草堆的温度、湿度、通风均匀。畦的宽度为100厘米左右。整畦时先翻土(一般深15～20厘米)，翻土后1～2天当土块晒白后打碎土块整平。把畦地整成菜畦状，使畦面成龟背形或馒头形，高15～20厘米，中央略压实，两旁松散些。

整畦后浇水使土壤湿润。再用茶籽饼水，或拟除虫菊酯类药物，或烟叶水、氨水、石灰水、漂白粉等消灭场内的害虫和杂菌。

第六章　草菇的栽培季节和选用优良菌株

一、栽培季节

我国幅员辽阔，南北跨5个纬度区，东西越7个经度区，平面地域的显著差异，使我国南北方同一季节温差相当大。例如，4月份的海南岛、广东等地已是湿热难耐，而东北的黑龙江还是寒风刺骨。我国多高山及盆地，垂直地域也有显著差异，使同一纬度的区域温差也相当大。例如，5月初的张家口市内已是鲜花盛开，而市外坝上的张北县还有雪花飘落。我国有如此广袤的大地和温度差，使草菇栽培季节和模式也难以统一。我国各地室外栽培草菇的时间大体上是：海南岛、广东等地为4～10月份；福建、江西、广西、湖南等地为5～9月份；山东、河南、河北等地为6～8月份。北纬40°以北、东经100°以西的地区，一般难以进行草菇的室外栽培。

根据草菇在生长和繁殖两个阶段对于温度的需求，一般是在气温稳定在25℃左右，日夜温差变化较小时即可以栽培。近年选育出一些低温菌株（如V42-18），在气温23℃时也可以栽培。不过在春、秋这两段时间内，由于南北气团交替多，气温不稳定，必须采取一定的预防低温（如早晚加盖薄膜）措施，才能保证生产的正常进行。

夏季从夏至（6月22日）到8月上中旬气温较高，在裸露的坡地，中午地面温度可达50℃左右。此外，这一段时间已是广东的暴雨、台风季节，没有良好的防晒防风措施，便无法保证生产的正常进行。

总之，草菇的生长发育需要高温、高湿的环境条件，这是其生物特性所决定，其正常出菇的温度在26℃～33℃，超出这个范围使产菇量受到影响。

二、优良菌株

目前，在生产上使用的草菇菌株很多，大部分是通过组织分离或孢子分离获得的，少数是通过育种方法选育出来的新菌株。值得注意的是由于我国尚未执行菌种登记法规，现有食用菌的菌株编号没有统一的规则，任何一个单位或个人都可以对分离或引进的菌株命名编号并出售赢利，因而“同种异名”或“异名同种”的现象很严重，在选用购买菌株时应注意。

(一)V23

20世纪60年代由广东省微生物研究所的科研人员从野外采集子实体，经组织分离培育而成的优良菌株，从60年代一直使用到现在，在中国南方各省广泛栽培。V23菌株的特点是：子实体色泽深褐色，体长个大，卵圆形或椭圆形，菌托肥厚且有韧性，不易开伞，圆菇率高，菇肉白嫩，商品性能特好，使用稻草和废棉出菇早，播种后6～11天出菇，子实体发育一般要5～7天，出菇密，成菇率高。抗逆性较弱，特别是对低温、干风的反应敏感，容易引起早期菇蕾萎缩、死亡，不适于低温地区和低温时期栽培。在广东推广栽培的菌株还有V16、V2、V844等。

（二）V34

20世纪90年代由河北省科学院微生物研究所选育。其主要特点是：菌丝生长适温较宽，为24℃～32℃，子实体发育的温度亦较低，在23℃～25℃下均可正常出菇，在废棉、棉籽壳、稻草和麦秸等原料上均能良好生长。子实体灰黑色，中等大小，包被厚薄适中。特别适合我国北方各地在夏、秋季节栽培。

（三）V5

由广东省微生物研究所于20世纪90年代初从野外采集子实体，经组织分离培育而成。其主要特点是：子实体灰黑色，子实体较大，包被厚，不易开伞。适用于稻草和废棉培养料，产量较高。对不良环境的抗性较强。

（四）屏优1号

由福建省屏南县从子实体组织分离培育而成的菌株。对温度适应范围广，子实体在25℃～35℃条件下，均能正常生长发育，在28℃～30℃条件下，从接种至出菇6～8天，现蕾至采收5～6天，每潮菇间隔5～7天，可采3潮菇。抗逆性强，产量高。子实体灰白色，群生，朵大，单个重可达100～200克，包被厚，不易碎，菇肉细嫩，风味美，适于鲜销、干制和制罐。在稻草或棉籽壳上栽培，菌丝浓密、粗壮。

（五）V85

福建省三明市食品工业研究所(1991)选育的菌株。菌丝生长温度为30℃～35℃，子实体分化温度以28℃～32℃最好，草堆温度以32℃～38℃最佳。出菇温度26℃～35℃，出菇季节6～9月份，属高温型。子实体中等，鼠灰色，不易开伞，适于制罐。

（六）V35

江苏省常州市蔬菜研究所（蒋时察，1992）从澳大利亚引进的优良菌株。其主要特点是夏季栽培较其他菌株耐高温，生产周期23～25天，在7～8月份上市是弥补夏季鲜菇不足的好菌株。菇体圆整，丛生菇多，菇色较淡，不易开伞，商品性能好。以稻草为原料的生物转化率为16.6％，棉籽壳原料的生物转化率为38.43％。

（七）V905

是湖南省食用菌研究所（杨根凤等，1998）从野生菌种经分离驯化筛选而得的优良菌株，耐低温能力较强，在20℃～25℃条件下栽培能正常出菇，生物转化率仍达25％（其他品种在这种条件下很难出菇）。栽培季节较早，是一个早熟品种，生育期短，从播种至现蕾5～7天，从现蕾至开伞成熟一般5天左右。单产高，在以棉籽壳＋稻草、废棉＋稻草的培养料栽培2年（气温在30℃以上），其生物转化率平均为41.2％。菇型大小中等，菇体灰白色，包被较厚，适于鲜销或干制加工。目前已成为湖南省当家品种之一。

（八）V531

江西省抚州师范专科学校食用菌研究中心等单位（包水明等，1998）于1996年从1株簇生重750克的野生草菇经组织分离选育而成的新菌株，菌丝生长最适温度35℃，适宜栽培的外界温度为18℃～40℃，子实体单生或簇生（2～7个组成），菌盖中央鼠灰色，边缘近白色。抗杂性强，菇大肉厚，口感好，性状稳定，大面积用稻草室外床栽，平均生物转化率21%。

（九）VP53

由四川省农业科学院食用菌开发研究中心用原生质体诱变育种而成。主要特点是：菇体白色至浅灰色，个体大，单个重15～30克，最重可达100克以上，单生或丛生，不易开伞。在18℃条件下菇蕾不易死亡，较耐低温。

（十）V91

由上海植物生理研究所通过原生质体融合培育而成，经上海食用菌研究所比较栽培试验表明，其子实体色泽灰黑，产量与生产上普遍使用的V23菌株相近。子实体大小适中，单个平均重27.17克，不易开伞。播种后一般培养5天左右菌丝可长满床面。

三、菌种质量的鉴别

母种菌丝纤细，灰白色，透明状，爬壁力强，生长速度快，老化时呈黄褐色，随着菌龄的增长，逐渐出现红褐色厚垣孢子。原种和栽培种，菌丝灰白色，透明状，分布均匀，有红色的厚垣孢子，为正常菌种。菌龄以18～20天为宜，如瓶内菌丝密集，颜色又过于洁白，则有小菌核或鬼伞类感染；如果瓶内菌丝萎缩，出现水渍状液体，或出现螨类等，均为不合格菌种，应予淘汰。在购买菌种时，一定要认真仔细观察，把好关，才能在草菇高产栽培中取得关键性的第一步。

第七章　草菇的栽培技术

一、稻草栽培法

用稻草栽培的草菇子实体具有清香味，口味较好。以稻草为主原料的栽培方法，分室内和室外两种。

(一)室外栽培

1. 堆草栽培

(1)浸草与施肥　在大田草菇生产中，堆草下种的好坏是成败的关键。正确的堆草下种的要点是浸草均匀，叠草紧实，下种得当，淋水合理，草被适中，通风良好，温度恒定，防治病虫，综合考虑。

①浸草要均匀　堆草前要把稻草浸湿，使之吸足水分变软。浸草时间的长短，视稻草种类而异。早稻稻草，叶多、茎软、纤维少，浸水15～20分钟即可。晚稻稻草，茎粗硬纤维多，干物质量大，浸水时间为50～60分钟。浸草时间不足，没有浸透，则稻草发酵慢，养分难以分解，影响草菇的正常生长发育。浸草时间过长，则吸水过多，透气不良，草堆腐烂快，也不利于菌丝生长。如果干湿混合堆叠草堆，则难以控制堆内的温度、湿度，效果不好。

②适当施肥　稻草可供给草菇菌丝及子实体发育所必需的营养物质。因此，单纯用稻草不施任何肥料，可以种出草菇。但适当施些农家肥作基肥，还是能提高产量。草菇常用

肥料品种、用量及施用方法见表4。

表4　草菇常用肥料品种、用量及施用方法

肥料种类	肥料用量（占稻草%）	肥料处理	施肥位置及方法
干猪、牛粪粉	5～10	发酵后粉碎	撒于畦面四周或草层，施后与表土混和并压实
牛粪60%、鸡粪20%、麸皮15%、磷肥2%、饼肥2%、石灰1%	5～10	发酵7天，每两天翻堆1次	撒于畦面四周或夹在每草层之间的四周
干牛、猪粪粉90%、麸皮10%	10	发酵至无臭后晒干粉碎	撒于畦面四周或夹在每草层之间的四周
浓氨水		用水50倍稀释	淋畦面或施于畦面四周
硫酸铵		用水100倍稀释	淋畦面
尿　素		用水200倍稀释	淋畦面
磷酸二氢钾		配成0.2%水溶液	浸稻草或洒于草层边缘
火烧土	50	敲碎	撒于畦面及草层间

(2)堆草、播种方法　堆草有许多方法，无论用哪一种，都要做到整齐、紧实，有利于保温保湿、发酵及养分的吸收。草堆要下宽上窄呈梯形，以扩大出菇面积并便于管理。

①长草堆草法　此法适用于70厘米以上的稻草。具体做法：在畦面施肥圈上，下了第一层菌种后把浸好的草把捞起，一把紧靠一把横向平卧于畦面上，草头在畦的一侧，草尾在另一侧，同时折转草尾，折成扁平，使草堆紧实。草堆两端草把要用草绳捆扎，以免崩塌，接着下第二层菌种于第一层草面的四周离边缘约2厘米处，然后排第二层草，方法同前，但草头方向与第一层相反，并压在第一层草尾之上，两侧均比第一层草缩进2厘米。为了使草堆平整，在第二层草上的中间，填放一些乱的或直的稻草，称“填心草”，同时人站上草堆，边踩实边淋水1次。接着下第三、第四层种及排第三、第四层草，第三层方法同第一层，第四层方法同第二层，但每层排草方向调转头，并往内缩进2～3厘米。在第四层草上堆放厚20厘米左右（压实后的高度）的屋脊形稻草，称“龙骨草”，以压实草堆及保温保湿，并防雨水入堆。人再站上草堆，边踩实边淋水1次，人下草堆后再淋1次水，然后把草堆两侧修齐，清除畦面乱草，在“龙骨草”之上盖上临时草被（尽可能选用长而优质的稻草扎成束），堆草到此结束。

②短草堆草法　稻草长70厘米以下的宜采用此法。具体堆草和播种方法与长草堆草法基本相同，不同之处只在于不折转草尾，草头均向外，草尾在畦中央交叠。

③乱草堆草法　用机械和畜力脱谷后的稻草很乱，无法捆成整齐的草把，可用此法堆叠。具体做法：在畦面四周下第一层菌种后先把一个扎好的草枕横放在畦的一端，取浸好的稻草一把（干重约800克），横放于畦的一侧，并在其中部向畦

中心折回，折缘靠在畦边压于菌种上，并与草枕一端平齐，紧靠草枕。这样一个紧贴一个，由畦的一端排至另一端，排成一列，到末端时放一个扎好的草枕。然后，用同法排另一侧的一列，使两列的草枕折缘朝外，草尾互相交叉，中央处再放些乱草作“填心草”，使草堆平整，避免草层中部低洼积水，即为第一层。人站上草堆，边踩实边淋水1次。重复上述方法，继续叠第二层和第三层，但每增加一层其宽度与长度应缩小2～3厘米。最后，同上法加叠“龙骨草”和盖上临时草被。播种方法同长草堆草法。

④小草把堆草法　利用乱草堆叠，播种方法同前。畦底宽130厘米，草堆基部宽90厘米。把浸好的稻草像扭洗脸巾那样扭折成小草把，每把干重150克左右，一个紧靠一个，排于畦面，扭折处压菌种，排成一圈，中心填上乱草，使草堆平整，即为一层。同法排5～6层，每层缩进4～6厘米。最后用乱草做成圆筒形的大草枕，成列地纵压在草层之上（相当于“龙骨草”），以防草把松脱，并在周围和顶部盖以草帘（不要紧贴草堆）或草被。

⑤草砖堆草法　先在菇床附近挖一长约40厘米、宽33厘米、深20厘米的草砖模型。将稻草弄散，洒水湿透，放入草砖模型里，加入清水（以齐草面为限度），用脚踩实。然后把模型四周的乱草弄入模型内，用脚踩踏，使这些乱草和其他已踏实的草黏结在一起。待稻草吸足水后双手握住相对的两角用力提起，就成了一个湿软的草砖。将草砖的表面向下，平放在菇床上，一个挨一个地排齐，草砖间的缝隙填入湿稻草。第一层排两行草砖，第二层的外缘比第一层外缘向内缩进13～17厘米，两层排好后成为一个高40厘米左右的梯形草堆。有人在此基础上进行改良，在栽培草菇的菇床地面上安装一个长

方形模子，模的四壁由木板制成，宽 40～50 厘米，高 15 厘米，长度视菇床的长度而定，无底层，四壁可以拆卸。制草堆时，将稻草浇水或浸水后均匀地放入模子内，用脚踏实、装满。拆除木制模子，即成草堆。播种方法与上面几种方法相同，沿四周边缘播种。

⑥空心堆草法　有的地方将实心堆草改为空心堆草。具体做法：在堆草底层四周接一定量的菌种，然后堆草、踩实，中间留有适当的空间不放草把，草把四周放菌种，再放草把，踩实，以此类推。在接近表面层时，除外缘四周接种外，靠近空心的四周也接菌种，表面再放一层不接种的潮湿稻草。

(3)更换固定草被　堆草初期稻草未经发酵，难于压实，且水分也不易调得理想，故只盖上简便的临时草被。一般在堆草后 4～7 天，温度偏高时 4～5 天，温度偏低时 6～7 天换固定草被。更换草被后可以进一步改善草堆的温、湿度及环境，促使小菇大量发生、迅速生长。换草被时在草堆中部抽取稻草数根，手拧有水珠溢出但不滴下，表示水分适宜。稻草水分过干需一边淋水，一边踩踏，看到草堆上有少量的水渗出为宜。当草堆的水分适合时，只踩实即可。然后再修整草堆 1 次，并用干牛粪粉拌人尿撒在草堆周围，这样可加快出菇。更换固定草被的方法有以下几种。

①搭竹架盖草被　在距草堆两侧各 10 厘米处每隔 2 米垂直插一竹竿，分别与凌空的一高一低的横竹竿捆扎固定，即成一安放草被的保护架。然后选用较长而整齐的直草使草头向下，排列在草堆四周的保护架外，厚度约 1.5 厘米。草堆顶上也横向盖上直草，把两侧草被压住，最后盖上塑料薄膜。此法通风透气，保温、保湿性能好，成菇率高，但用草量较多。

②直接盖草被　选用较长的直草为好，因其有利于通风

透气，保温保湿。其方法与搭竹架盖草被基本相同，不同之处是不设竹架，直接在草堆四周覆盖直草（草头着地，草尾向上）。然后在草堆顶部横压一层草防雨保温，最后用喷壶把整个草堆淋湿，覆盖薄膜。此法通风透气，保温保湿性能好，成菇率高，但用草多。若用短草、乱草作草被则用草少，但不耐用，且换气差，温、湿度难以控制，易死菇。

③荫棚作草被　建好草堆后不盖草被，直接覆盖塑料薄膜，然后在离草堆1～1.5米高的空间用竹架搭荫棚，将草堆顶部及四周遮住，成为大田半室内栽培草菇。此法省工省草，可避过三伏天气的高温。

④草帘作草被　把稻草均匀地编织成厚1.5～3厘米的草帘，盖在草堆顶部及四周，但不要紧贴草堆。

(4)播种后的管理

①菌丝生长情况的检查　播种后要经常检查草菇菌丝的生长情况，如果种后2～3天内菌丝生长，4～5天内菌丝能向上下草层及草堆边缘扩展，即为正常；否则，应检查原因，及时纠正。

②温、湿度的调节　在整个出菇期间，应将草堆湿度控制在70%～85%，草堆中心温度控制在36℃～39℃。种菇后至换固定草被期间，如常下大雨，要检查临时草被是否漏水；强风烈日，应于中午在草堆两旁泼水。盖固定草被至出菇前期间，遇晴朗天气，每天中午淋“天花水”1次，淋湿草被为止，以促进草菇菌丝生长及出菇。出菇期间，晴天一般早、晚各淋水1次，经常保持草被有适当的湿度，从而确保草堆有良好的温度和湿度。草被太薄的蒸发量大，如淋水不足，会使草堆过干。此时还未有小菇，可以揭开草被在草堆两侧泼水；如已有菇，则用削尖了的竹筒插入草堆内浇水。“龙骨草”不够高或

排水不良，草被薄紧贴草堆，都会使草堆过湿，应早、晚揭被，让水分蒸发。

每采完一潮草菇后应压实草堆1次，使保温、保湿良好，以利于再出菇。两人上到草堆踩实后分开站于草堆两侧，用手相对同时压实顶部两侧。

草堆的温度过高过低都不好。若温度过高，可减薄“龙骨草”及揭开草被降温；若温度过低，可加厚草被或增加“龙骨草”。

寒潮侵袭容易造成死菇，遇此情况应加盖塑料薄膜或临时加厚草被以保温。酷暑闷热也会死菇，此时白天可以引入长流水或增加淋水次数，但每次淋水量不宜过多。

塑料薄膜覆盖草堆能人为地控制和调整草堆的温、湿度，有效地促进草菇菌丝的生长和子实体的形成，同时能减少强风、暴雨、低温等恶劣天气的影响。刚堆好的草堆如在当天和翌日晚上用塑料薄膜覆盖2夜，可使湿度均匀，温度提高、均衡，促进菌丝的萌发。播种后1～2天菌丝萌发慢或不普遍，可再盖塑料薄膜直至菌丝普遍萌发为止。但如果此时草堆已升温，塑料薄膜覆盖不宜过夜，于下午4～5时淋水后盖几小时即可。堆草后4天左右仍可在下午淋水后盖塑料薄膜2～3小时，入夜除去以免堆温过高。这样处理可使草堆湿度更加一致，更有利于菌丝均匀地向四周扩展。

当每潮草菇刚出现菇蕾时，可于下午淋水后覆盖塑料薄膜几小时。第二批菇以后可覆盖过夜，于下午5时后覆盖至翌日晨，促使菇蕾均匀地成批出现，并加速成熟及提高成菇率。草堆过干或干湿不一致，也可于下午淋水后盖塑料薄膜，就能均匀一致。遇强风、暴雨、低温寒潮时盖塑料薄膜保护，可减少恶劣气候的影响。

覆盖塑料薄膜应注意的事项：在草被脚下应留16～20厘米地方不盖，让其适当透气。根据太阳强弱和草堆堆温灵活掌握覆盖时间。在烈日下不能盖塑料薄膜，因为盖上薄膜后草堆边缘积累太阳的辐射热，边温可升至50℃～54℃，达不到促进草菇菌丝生长的目的，因此只能在夜间或弱阳光下覆盖塑料薄膜。同时，堆温高时覆盖时间不能长，一般2～3小时，堆温低时覆盖时间可长些。总的原则是掌握草堆边缘温度最高不要超过39℃。

③草被的管理　盖固定草被后至采菇前，每天用手翻动草被1～2次，使通气良好，有利于草菇生长并减少杂菌。每潮菇采摘完后要检查修补草被，经常保持草被完整及厚薄适中。

④追肥　这是获得草菇高产的主要措施之一，尤其在后期草堆养分大量消耗时更为重要。追肥方法有以下3种。

干牛粪加人尿：每采完一潮菇后，均追施1次，把牛粪打碎混入40%人尿，于施用前1天混合，施于畦两边出菇面上。如能加鸡粪追肥，效果更好。

人尿：每采收完一潮菇后均追施1次，用50%人尿(1份人尿加1份水)喷射于草堆四周及畦土上。每米长的草堆喷尿水1～2升。追肥前1天不淋水，以便容易吸收肥分。

化肥：在采完第三潮菇后、草堆未完全腐烂尚有微温时追施1次化肥。其方法是在草堆顶部正中、每隔1～2天用竹、木棍插一小洞，深至第二层草，投入25克氯化铵或尿素，接着淋入适量水(也可配成1%左右的溶液施用)，用削尖的竹筒灌进堆内。施肥完毕后用稻草把小洞塞紧，然后两人分站于草堆两侧，用手相对压实草堆顶部。

2. 袋料栽培

(1)培养料的配制　培养料的配方为稻草60%，肥泥30%，石灰5%，麦麸5%。将配料称取后，按1：1.4的料水比充分拌匀、湿透，根据所用材料和场地堆成长、高、宽相宜的大小堆肥，进行发酵。草料建堆需10天左右，基本上掌握料温达65℃以上保持3天，待降温后翻堆1次，使草料的上下、内外调换位置。

(2)装袋和接种　将发酵料抖松、冷却至40℃后装入25厘米×20厘米的塑料袋，一般把袋子正面反套，使袋子底部内角塞在袋内，把料装进轻轻压实成高10厘米的料袋，压平料面。立即在袋内接入草菇菌种(用种量为料量的15%～20%)，封面，置32℃～35℃的室内或室外无直射光的潮湿处，尽量做到少搬动，待3～4天后解开扎口，表面再盖一层(1～2厘米厚)石灰水预湿的蚕豆大小的泥粒。

栽培地空气相对湿度保持在90%左右，调节水分时用38℃的温水喷洒，每天中午1次。其间用速灭杀丁等拟除虫菊酯类药物杀虫1次。从播种至采收，正常情况下仅需7天时间。当针头状菌蕾形成，应暂停洒水，待形成蛋形而未破膜前即可采收上市或食用。一般可采收2潮。袋栽移动比较方便，可将发好菌丝的菌袋套摆在玉米、甘蔗、棉花、大豆以及正在排水搁田的水稻田里，也可套放在树林或高秆作物下。城市居民自制少量菌袋，放置于厨房、卫生间、遮荫的阳台上、花盆旁，经常浇水，保持小环境潮湿，便能食到新鲜草菇。

3. 间套种栽培

(1)适宜场地　草菇在玉米地、果园、桑园、蔬菜棚等处间套种，生态条件是适宜的。

(2)适宜时间　草菇适宜间套种栽培季节根据气温而定，

一般温度要稳定在20℃以上，田间日平均气温20℃～28℃，空气相对湿度80%～90%。应选择在果、桑树行成荫，庄稼地荫蔽，蔬菜棚架遮荫时进行栽培。

(3)适宜土壤　间套种栽培地的土壤应选择靠近水源，有机质较多的肥土，黏土或沙土不适宜。场地四周应开好排水沟，把土翻松，在太阳光下暴晒1～2天后碎土、除草，将土整成龟背形长条，畦高15厘米，宽1米，长4～6米，畦距60厘米。中间压实，两边稍松。整好后喷洒氨水，以驱除土中蚯蚓和害虫。

(4)栽培过程　播种前1天需将稻草扭扎成0.75～1.5千克重的长形草把，投放在1%石灰水中浸泡12小时左右，取出堆成小堆，每堆用草120～150千克。先在整好的畦面距边缘10～12厘米处撒一圈肥土(经过暴晒)，并在内侧撒一圈约3厘米宽的草菇菌种。沿肥土圈把浸泡的稻草把一排一排地紧密靠拢，排放整齐，草堆中心用乱稻草填实。第一层草把排好后人站在草把上踏实，边踏边浇水。然后再堆第二层，和开始一样在草把边缘撒肥土或草木灰，播菌种，堆草踏实，要求每层都缩进10～12厘米。如果向上堆叠4～5层，在中间放些牛马粪或人粪尿帮助发酵，最上层表面要多撒一点菌种，撒后覆盖一层薄草帘，起保温保湿防晒作用。一般每100千克干稻草要播菌种6瓶，有条件的菌种可多播一些。

(5)栽培管理　草菇喜高温、高湿，堆温40℃，含水量70%有利于出菇。通常播种5～6天后草堆温度高达50℃～60℃，随之降低至40℃左右，适宜菌丝生长。12天即可出现菇蕾，再过3～4天即可采收。

(6)苹果园间作举例　苹果树在7～8月间枝叶繁茂，遮光遮荫好，此时开始栽培草菇。首先要清理栽培场地，要挖好排水沟。然后在两棵苹果树的间距内做成畦床，畦床要整平，剔除杂草，用2%敌敌畏加5%石灰水喷洒。

培养料为稻草，再加稻草重量0.2%的磷酸二氢钾及3%的石灰。将石灰溶解于水中，然后将稻草浸入石灰水中，浸透后捞起。在畦床四周撒一圈菌种，接着把浸好的稻草扭成8字形草把，弯头朝外靠紧铺放，压住菌种。第一层草把铺好后中间撒些散稻草，然后踩实，在离草层边缘8～10厘米处播一圈菌种，并沿菌种内圈撒一层磷酸二氢钾。铺第二层以上的草把时弯头均要向内缩5厘米，其他方法同第一层。最上面的一层均匀撒上菌种，铺一层湿稻草，加盖约1.5厘米厚的泥土封顶，最后覆盖薄膜再覆盖草帘。

建堆后3～4天内以保温保湿为主，每天上午揭膜通风15分钟。当堆温达50℃时要及时揭膜降温，延长通风时间；堆表温度超过39℃会烧死菌种。每天上午洒水2～3次，以保持湿度。最适堆温保持在36℃～40℃，7～8天即可现蕾。现蕾后不能往床面上直接喷水，空气相对湿度保持在85%～90%，10～12天可采第一潮菇。第一潮菇采收完毕，清理床面的菇根、烂菇，养菌2天。然后每天向草堆喷水1～2次，如pH值低于7时可喷石灰水，3～4天后可出第二潮菇。栽培草菇后的培养料一半盖在树根周围，另一半秋后作基肥掩埋入土。用下脚料盖树盘及埋入土中的苹果园，在干旱年份生长发育正常，而对照的苹果树叶片明显黄化脱落。

(二)室内栽培

室内栽培草菇，可以对环境进行人为控制，能防止和避免低温、寒潮及暴风雨等自然条件变化的影响，使温度、湿度均衡，保证草菇生长发育的最佳条件。

1. **普通栽培**

(1)培养料的配方

配方1：干稻草53%，干稻草粉30%，干牛粪粉15%，石膏粉1%，石灰1%。pH值7.2，水适量。

配方2：干稻草60%，干稻草粉30%，麸皮7%，石膏1.5%，石灰1%，尿素或硫酸铵0.5%。pH值7～7.4，水适量。

配方3：干稻草32%，火烧土40%，人粪尿26%，石膏0.6%，石灰0.6%，过磷酸钙0.2%，鸡鸭粪0.6%。pH值取其自然，水适量。

配方4：干稻草30%，草粉47%，菜籽粉10%，麸皮10%，石膏粉1%，石灰2%。pH值7.2，水适量。

(2)培养料的配制与播种

①配方1,2的配制与播种　将稻草切成7～10厘米长，浸水后与其他辅助材料混和拌匀，将石灰溶解于水，加入混合料之中，含水量掌握在60%～70%。堆成宽1米左右，高0.8～1米的圆形或长方形堆，发酵2～3天。翻堆检查干湿度，再堆1～2天，调好水分和pH值后上床，进行室内后发酵。要求在完成室外的堆草堆积发酵后，立即趁料温在40℃～45℃时将培养料搬进菇房，安排在床架层上，每层料的厚度为20厘米左右，从最上层逐次往下层填入床架内，料面整平，关闭菇房门窗及通风窗。当培养料继续发酵温度上升时，通入蒸汽或火炉加温，在2小时左右使料温上升至60℃，保持2小时。然后进行少量通风，逐步将温度降至50℃左右，保持1～2天。待床内料温降至35℃～38℃时，立即刮平料面播种，轻轻压实。一般每100千克稻草播750克广口瓶菌种4～6瓶。播种后用塑料薄膜覆盖。播种前期草菇菌丝

对室内的温、湿度相当敏感，室温要保持 28℃±2℃，草堆温度要保持在 32℃±2℃，草堆含水量 65%左右，菇床表面空气相对湿度经常保持在 85%～90%。在这种环境条件下，草菇菌丝的生长发育很好，在经过后发酵的第五天菌丝就开始扭结，第七天左右就始见菌蕾，第九天第一潮菇就可采收。一般菇床每天可喷水 2～3 次，水温与室温相同(一般为 32℃)，要喷均匀，不能浇水或灌水，否则会严重损害菌丝及小子实体的生长发育。室内要有漫射光，特别是菌蕾期光线以略强为佳。注意室内的通风换气。

②配方 3,4 的配制与播种　将稻草切成 13～20 厘米长，用 20%石灰水喷湿，后加入全部的辅助材料混和均匀，经 2 天堆积。第三天翻堆，拌匀，调节水分，使培养料充分拌匀，再堆 3～4 天。趁料温高达 45℃左右时，把培养料移到菇房床架上，铺料厚约 20 厘米进行后发酵。关闭门窗后加温，待料温上升至 60℃时，保持 2 小时。后少量通风，使温度降至 52℃保持 2 天。让其自然降温至 35℃，含水量调至 65%左右，用分层播种法抢温播种。每 100 千克干料播 750 克栽培菌种 4～6 瓶。播种后料面整平压实，覆盖塑料薄膜。经 3～4 天、草菇菌丝发菌正常、吃料 6 厘米左右时覆土(厚度约 1 厘米)，喷水使土面湿润为度。覆土后 4～5 天、菇蕾呈纽扣状时，可在床面上喷少量水，或在菇房中喷雾，使空气相对湿度保持在 85%～90%。室内要经常通风换气，以促进子实体的健壮生长。

2. 浅盘式栽培　先把优质稻草切成 40 厘米长的草段，松散地捆绑成把，每把约 250 克。将草把浸水 6～12 小时，后对折为一半，长约 20 厘米，直径 8～10 厘米。蒸汽消毒 1 小时，冷却后立刻在草把对折的一端播草菇菌种(每 50 千克干稻草播 750 克菌种 3 瓶)。草把折头向上,4～6 把作为一栽培区,放入浅盘内(45 厘米×35 厘米),用线支持着。每个浅盘放两个栽培区(堆),彼此相距 5～6 厘米。浅盘上盖塑料薄膜。空气相对湿度保持在 80%～90%,室温控制在 26℃～30℃。堆温稳定在 35℃左右。培养料过干会抑制菌丝的生长及子实体的发育。按正常情况,每天喷水 2～3 次,每 100 千克料喷 5～6 升水,以轻喷、均匀为宜。在人工控制条件下,一般播种后 8～10 天草把上就有小菌蕾出现,再过 2～3 天就可采菇。此法用作试验性栽培较为理想。

3. 室内灭菌栽培 蘑菇房在夏季闲置时可进行室内灭菌栽培。当蘑菇产季结束,应将菇房的栽培废料及时取出,清理干净。然后用石灰水或漂白粉液刷洗床架,喷洒地面及墙壁,并喷洒杀虫剂,以消灭室内的杂菌害虫。栽培前再用福尔马林或硫磺密闭熏蒸,保持 24 小时后开启门窗,排除药气。栽培所用培养料的配方为稻草 100 千克,麦麸 10 千克,钙镁磷肥 1 千克,石灰 4 千克。配制方法是先将稻草切成两段,用 3%石灰水浸泡 2～4 小时,使稻草脱蜡变软。捞出后滤去多余的水分,铺于床面上,料厚 20 厘米左右,上面均匀撒麦麸、钙镁磷肥和石灰粉等,并喷石灰水使含水量达 80%左右,pH 值 9～10。然后密闭门窗,有锅炉设备的地方,可采用将蒸汽通入菇房的办法进行增温。如无此设备,可采用炭火盆或煤炉加温。炭火和煤炉的用量要根据菇房的大小来确定,一般的菇房用 2 个炭火盆或 2 个煤炉即可。蒸汽加温因是湿热加温,其保湿性较好,培养料不易丧失水分。用炭火盆或煤炉加温,要注意室内保湿,培养料水分过干时要及时补水。用煤炉加温还要注意安全。无论采取哪一种加温办法,其目的主要是使料温达到 65℃～70℃时,保持 10～12 小时,而后让其自然冷却，并打开窗户排除废气。当料温稳定在 38℃～40℃时就可播种。播种前，先检查料的含水量和 pH 值，然后采用穴播与撒播相结合的方法，按每平方米 2 瓶菌种的数量播种，并用木板轻轻压实，使菌种与栽培料贴紧，随即覆盖上一层 1 厘米厚的火烧土，喷洒石灰水后再覆盖塑料薄膜，保温保湿培养。

二、棉籽壳栽培法

棉籽壳栽培草菇的方式分为室外栽培和室内栽培 2 种。

（一）室外栽培

在室外用棉籽壳栽培，可单独设场地栽培，也可同其他作物间作栽培。

1. 单作栽培　栽培场地应通风良好，供水方便，排水容易，富含有机质的肥沃沙壤土。另外，要清除场地杂草，翻地松土，喷洒浓石灰水驱杀土中害虫。做东西向的畦床，畦宽 1 米，长度根据田地的长度而定。畦的四周挖沟，宽度和深度以灌水或排水及操作方便为宜。场地四周挖较深的环沟。畦上用竹片或树枝条搭成拱形棚架，两侧用竹竿或木棒固定，棚高 0.7～0.8 米，棚上覆盖塑料薄膜，四周用土将塑料薄膜压住。

将预湿的或发酵好的棉籽壳运到畦床上，铺成波浪式，约 30 厘米宽一个波浪，波高 12～14 厘米（根据气温高低可做适当调整），波谷深 1～1.5 厘米。播种量一般每平方米播种2～3 瓶（蘑菇瓶），播种可用层播，也可混播、穴播。但最上面一层播种量宜大，最好占播种量的 50％。而后上面覆盖薄膜。在覆盖小拱棚的塑料薄膜上再盖草帘。

在气候条件要求保温的情况下，晴天时每天 10 时左右揭草帘，晒塑料薄膜增加畦温，下午 4 时左右覆盖草帘保温。阴天、刮风天不揭草帘。在气候较热、温度偏高时要适当降温，在高温时晴天中午不能掀开草帘，只能早、晚掀开，略通风换气或适当降温。总之，要注意料中的温度一般不要超过 40℃，料表的温度一般不要超过 36℃。在料温低时要尽量保温，料温不要低于 30℃。播种后特别是前 3 天，要随时注意料温的变化。每天结合检查温度进行通风换气，3～5 天后加大通气量。一般将塑料薄膜 4 个边角揭开通气 2 次，每次约 1 小时。

若遇气温干燥，土壤和培养料偏干时最好在中午加水，使土壤湿润。水面在畦土 1 厘米以下，一般水温不能太低，最好是 28℃～35℃。

一般 5～7 天菌丝长满菌床，此时最好选择洁净肥沃的菜园土进行覆土。土层厚 1～1.5 厘米。土的含水量要掌握在手捏能成团，放开能散开。覆土后仍覆盖薄膜，待菌丝体长到土层上将薄膜掀开。小拱棚上的薄膜和草帘仍要覆盖。待菌丝体扭结即开始出菇期的管理。出菇期注意控温保湿，一般不能直接浇水，特别是菇蕾小的时候，主要通过向沟内灌水使土壤湿润，培养料吸水，以供菇蕾生长发育的需要。要根据子实体的生长速度，温度的高低变化等情况进行通气，保证草菇子实体形成与生长所需温、湿度条件。

采摘时一般用手伸进棚内摘取，切忌掀开草帘、薄膜进行采摘。第一潮菇采摘完毕将表面的残留物除去，喷 1 次重水（水温 32℃左右）。仍要注意保温保湿，以利于第二潮菇的产生。

2. 间作栽培 以棉籽壳作原料在室外栽培草菇的形式

有多种，现介绍几种常见的间作栽培。

(1)棉花地间作　首先在种植棉花时，就要考虑选择茎秆高大，枝叶茂密的棉花良种。一般在6月中旬至7月初，当棉花的植株已枝叶茂盛，气温稳定在25℃～30℃时可结合棉花培土来进行草菇的整床做畦。培土时将畦面的土培在棉秸根部，做成高约15厘米，宽65～70厘米的小埂。然后整平畦面，用2%敌敌畏加5%石灰水喷洒。

棉产区一般棉籽壳较多，培养料以棉籽壳为主，其配方为：棉籽壳94%，石灰3%，过磷酸钙0.5%，高锰酸钾0.2%，料水比1∶1.3～1.4。然后建堆发酵2～3天，堆温要求达到65℃左右。每天翻堆1次，将堆表的料翻入堆内，堆内的料翻到堆表，使发酵均匀。发酵后将料摊开降温至35℃时进行铺料，每平方米铺料10～15千克(干料重)，铺成龟背形。播种可分层播种，第一、第二层各占播种量的25%，第三层占50%。如菌种多，可适当增加些播种量。

菌种播完后轻轻压实，覆盖薄膜，再撒一层稻草遮荫。在菌丝体生长阶段，特别是前3天，要注意料温，当料温高于36℃时适当地揭膜降温。遇到不良气候要注意保温，一般播种后5天左右菌丝可长满料，当菌丝发满后在料面覆盖约1厘米厚的细土，再在土上喷0.1%～0.3%石灰水。一般覆土后2～3天即出现似针头状的菇，此时空气相对湿度尽量控制在85%～90%。前期菇不能喷水，后期如空气相对湿度小可每天喷2次左右水，水温要与气温相近，约32℃左右，尽量不要直接喷在菇蕾上。3～5天开始伸长期即可采收。第一潮菇采后应停水2～3天，以利于养菌。然后喷1次重水，准备第二潮菇的出菇。遇暴风雨要及时覆膜，以防自然灾害。一般在棉桃采摘前草菇栽培已经结束。

(2)树林间作　根据树木的行距，挖80～100厘米宽，10厘米深的菇床，挖出的土向两边堆高10厘米。播种前菇床及周围环境用5%石灰水喷洒。

培养料以棉籽壳为主，其配方及其发酵方法可参照“棉花地间作”。发酵好的料铺入菇床中，成波浪形，波峰约15厘米，1米长做3个波峰。然后在表面上撒上菌种，轻轻压实料面，覆盖薄膜，用砖块压住，上覆草帘。前3天菌丝体生长时要特别注意料温，以免温度过高而使菌种致死。一般料表温度不超过39℃，温度过高要揭膜通风降温，或往草帘上喷水降温。通风时要注意，不要使料中水分丧失过多。4～5天后当菌丝体长满培养料时，在料表撒一层约1厘米厚的细土，然后喷0.3%石灰水。菇床四周的土壤偏干时可喷水，以免土壤吸收菇床中培养料的水分。覆土后2～3天可形成子实体，此时将薄膜架起，以利于出菇。出菇期间保持空气相对湿度85%～90%，遇阴雨天要及时采取保温措施，如覆盖草帘等，以免因气温下降而造成死菇。

(3)甘蔗田间作　首先要清理蔗田，剥去甘蔗根部的黄叶和部分青叶，拔去无效分蘖苗，锄去杂草，并对甘蔗根部进行培土以防倒伏。畦面整平，然后用2%敌敌畏杀灭地下害虫。培养料以棉籽壳为主，其配方与“棉花地间作”相同。培养料的发酵堆温要达到65℃左右，共发酵2～3天，每天翻堆1次。发酵后将棉籽壳铺在田垄里，上面撒上菌种，覆盖约1厘米厚的细土，然后用竹片做成小拱棚上覆薄膜，再盖草帘。

播种后3天内，要经常观察料温，防止高温，如料表温超过36℃要及时揭膜通风降温。播种后每天往草帘上喷水2～3次，可以起到降温和保湿作用。采收菇时覆盖物不要掀开，只掀开薄膜手能伸进去采摘即可。采收完毕薄膜仍要用土块或砖块压紧，以减少水分蒸发。

（二）室内栽培

用棉籽壳在室内栽培草菇不仅产量高，而且产量比较稳定。栽培房的消毒处理和棉籽壳的发酵方法，与棉籽壳室外栽培相同。

栽培的具体做法是将发酵好的培养料略摊开降温后搬进栽培房，此时料的 pH 值控制在 8 左右。在栽培床架上先铺上一层塑料薄膜，然后将料放上，把棉籽壳排成波浪式或平铺。一般 1 米宽的料可做成 3 个波浪，波高12～14 厘米，波谷深 1～1.5 厘米。平铺料的高度在10～12 厘米。气温高时可适当减少料的厚度。料铺好后要拍平。待料温降至32℃～35℃时即可播种，播种量为每平方米 2～3 瓶。

播种后上面覆盖洁净的旧报纸（最好先放在太阳下晒 2～3 天），然后再盖薄膜。一般 24 小时内菌丝开始萌发，此时由于料内尚未完全发酵，一般料温都比较高，特别是第 1～2 天。此时要注意温度的变化，尽量使料温在 40℃以下，料温过高时要经常掀动薄膜散热及在室内空气中和四周墙壁上喷水降温。如室温在 25℃以下时要适当加温，一般室温最好不低于 28℃。在正常情况下 5～7 天菌丝便可爬满床面。此时掀去报纸，可覆土亦可不覆土，覆土的土层 1 厘米厚左右。土的含水量掌握在用手捏起能成团，放开能散开为宜。覆土后仍盖薄膜，但薄膜最好不要紧贴土层，薄膜与土层相距 5 厘米左右（将薄膜用绳子或夹子扎起绑在床架上，架好的薄膜像一顶帐子将培养料遮住，但不要紧贴培养料，以免影响菌丝的生长和出菇）。当土层中菌丝长满后，要增加空气相对湿度使之达到 85％～90％，但不宜将水直接喷到子实体上去，特别在子实体尚小时更要注意。子实体生长阶段每天要通风换气数次，防止畸形菇的出现。出菇期间室温尽量控制在30℃左右，在此温度下菇的商品性状比较好。如培养料缺水需要补充时，要将水温调至室温，然后用喷雾器喷雾。第一潮菇采收后将床面清理干净，喷足料中的水分，pH值低于8时，可喷石灰水，然后覆盖薄膜，等第二潮菇蕾出现后再掀开薄膜。

三、废棉栽培法

废棉是纺织厂的下脚料，富含纤维素，而草菇菌丝喜欢含纤维素高的培养料。所以，用废棉作培养料，草菇的产量比其他天然纤维素材料的产量高。用废棉栽培的草菇菌丝生长速度快，无须再添加其他辅料。

（一）室外栽培

废棉用大田畦式小环棚栽培是比较经济合理的。一般选择在日平均气温稳定在23℃以上时栽培。栽培场地应选择土层肥沃，排灌两便的大田。要清除杂草，开好沟，做到涝时能排，旱时能灌。具体要求是畦宽加沟宽2米，其中畦背宽1.6米，沟宽0.4米。畦呈南北向，在畦中开一条东西向的宽35厘米，长100厘米的浅槽，留出35厘米空地。然后再做上述同等规格的浅槽，再留空地，依此重复。

按每100千克废棉用4千克石灰的比例，用石灰水将废棉预湿。废棉浸透后略沥去多余的水分，放入宽35厘米，长100厘米的浅槽中，使培养料成龟背形。培养料的厚度视气温高低而定，一般要求15～20厘米。

播种时应将菌种均匀撒在料堆四周和料表，并轻轻压料，使菌种和培养料接合。播种后其上薄薄覆一层细熟土，厚度一般 1 厘米。再平覆薄膜，盖上草帘发菌。薄膜平铺发菌一般 2～3 天，当料表面有蛛网状草菇菌丝体时，应及时搭起小环棚，以增加氧气量促进菌丝向料深层伸展，要求菌丝能发足培养料。4～5 天后便出现原基。如在子实体形成前或子实体转黑后发现料层较干，可沟灌跑马水。

由于畦式小环棚栽草菇一般在高温期，管理必须掌握“降温、增湿、透气、遮阳”的原则。采收时防止风直接吹入环棚内，引起干湿差而造成死菇等。头潮菇后视料的干湿情况进行补水，然后进行第二潮菇的管理。

(二)室内栽培

将废棉放入溶化好的石灰水中浸泡，培养料吸水后放到干净的地上沥干至 70%～75% 的含水量时，将废棉撕松，堆放到栽培的床架上，堆高 15～20 厘米。也可采用波浪式堆放，即约 35 厘米一个波浪，峰高的 15 厘米，低的 5 厘米左右。培养料堆好后，向栽培室内通入蒸汽，使室内温度达到 65℃，保持 4～6 小时，进行灭菌处理，杀灭害虫和杂菌，并促进培养料发酵。

处理完毕后让栽培室内的温度自然下降，当培养料温度降至约 30℃ 时播种，此时培养料的含水量要达到 65%～70%。播种量为培养料干重的 2.5%～3%。将菌种均匀地撒在培养料表面，然后上面覆盖干净的报纸(最好在太阳下暴晒 2～3 天)，再覆盖薄膜。

播种后每天用喷雾器在室内空间和四周墙壁喷水 1～2 次，增加室内空气相对湿度和培养料的含水量。此时要注意料表温度不能超过 36℃，料中温度不要超过 40℃。一般 24

小时内菌丝开始萌发,5～7 天长满菌床。此时菌丝体扭结,有许多针头状子实体形成。进入出菇期的管理,室温控制在 30℃～32℃,空气相对湿度为 85%～90%。

四、玉米秸秆(芯)栽培法

玉米秸秆(芯)在农村一般当柴烧或沤肥用,利用价值很低。如能用它栽培草菇,则可以大大提高其经济价值。在大面积栽培玉米的地方,不妨就利用玉米地套种草菇。由于玉米含碳较多,含氮相对较少,而且其含糖量高。pH 值虽大于 7,但达不到草菇的生长要求。所以,仅玉米秸秆栽培草菇不理想,最好是与其他培养料混合栽培。

(一)栽培场地的选择与处理

为便于就地取材,可选择地势较高,水源方便,土壤肥力中等以上的大面积玉米地。用春玉米常规种植法,下种前施足基肥,浇好底水,耕耙平整。按行距 66 厘米,株距 33～40 厘米播种,每 667 平方米种 2 500～3 000 株。或用夏玉米宽、窄行播种,宽行 66 厘米种菇,窄行 45 厘米不种菇,株距 25 厘米,每 667 平方米约播 4 800 株,开沟点播均可。当玉米长至 1 米高左右时,每隔 2 行玉米做一个菇床,将行间的土培在两边垄上,做成宽 50～60 厘米,深 15～20 厘米,长约 10 米的菇床。播种前 3～4 天在床内浇好底水,待土壤稍干后撒一层石灰粉消毒,即可下料播种。

(二)培养料的配制与播种

培养料配方为玉米秸秆粉 46%,棉籽壳 45%,玉米面

3%，豆饼3%，磷肥3%。另加石灰5%。培养料要建堆发酵。发酵好的培养料按每平方米15千克计算，均匀铺在床上，料面整成中间稍高两面稍低的馒头形。然后将菌种均匀地撒播在表面，靠边缘5～6厘米处播种量要大些，稍加拍实，上盖塑料薄膜和草被。

（三）栽培期间的管理

播种后料中的温度应保持在35℃。如果温度超过35℃以上，应掀起塑料薄膜通风散热。从播种至出菇需8～11天。

草菇出菇后生长很快，这期间所需要的温度为32℃左右，空气相对湿度85%～90%，这时突出的矛盾是水分的控制。培养料含水量过高，会导致通气不良，使料温上升缓慢而影响菌丝生长，培养料水分低于60%，会使草菇枯萎死亡，影响产量。因此，要注意培养料的水分，要做到少喷、勤喷，一般每天以3～5次为宜。喷雾的水温要与气温相近。另外，要经常检查培养料的pH值，一般要求pH值8～9，如果pH值小于8时，可用石灰水喷雾。

五、甘蔗渣栽培法

（一）栽培场地的选择与处理

用甘蔗渣栽培草菇，适宜在室内进行。栽培场地的要求与处理可因地制宜。

（二）培养料的配制与播种

利用糖厂的甘蔗渣作培养料，要彻底晒干，粉碎后粗细粒拌匀备用。使用贮存过的甘蔗渣时要再翻晒，以防霉烂、变质，保证其鲜度和质量。由于甘蔗渣含糖分较高，易生虫、长霉菌、变质和发酵，一般不宜久贮。栽培草菇的培养料配方有两个：一是由甘蔗渣粉80%，干稻草粉10%，麸皮8%，石膏1%，石灰1%组成；二是由甘蔗渣粉90%，麸皮7%，石膏1%，石灰1%，过磷酸钙1%组成。其配制方法是将上述料混合拌匀加水，使料的含水量达65%左右，pH值保持在7.2～7.4。上床后经发酵，60℃保持2小时，微通风降温至52℃，保持2天，后通风自然降温至35℃时播菌种。

(三)栽培期间的管理

下种后2天内应检查菌种萌发情况，如果没有萌发定植，则应查明原因及时补种。发菌期室温控制在30℃左右，料温保持在35℃～40℃。在正常情况下1周后菌丝即布满菌床，此时要喷水，以提高空气湿度，并要给予一定的散射光，以刺激形成菇蕾。当小菇蕾出来后要注意气温，若温度突然降低会造成死菇。同时，也应注意通风，防止二氧化碳积累过多而抑制菇的生长。水分管理要掌握轻喷、勤喷，不可用重水浇灌。头潮菇采收完应挖去死菇，清理床面，2天后喷水(水温要与室温相同，一般在30℃左右)，促使二潮菇生长。一般可采菇2～3潮。

六、大豆秸秆栽培法

利用大豆秸秆栽培草菇，能使秸秆得到合理的利用，也为草菇的栽培增添了一个新的培养料来源。

(一)栽培场地的选择与处理

栽培场地可因地制宜。可用种植香菇的荫棚夏季空闲期将畦面整理,并用石灰水喷洒灭菌杀虫后栽培草菇。

(二)培养料的配制与播种

选用新鲜无霉烂的大豆秸秆扎成把,放入 pH 值 10～11 的石灰水中浸泡 10～12 小时,捞起后沥干水分,将 pH 值保持在 7～8,均匀地铺于灭过菌杀过虫的畦面,铺料厚度 25～30 厘米。每 100 千克原料用菌种 20～30 瓶。播种 2 层,播完后用一木块将大豆秸秆压平压实,而后覆土 1.5 厘米厚,最后盖上薄膜保温、保湿。

(三)栽培期间的管理

一般播种后 7～10 天,草菇菌丝即可长满覆土表面,这时就应揭开薄膜,盖上草帘进行出菇管理。温度控制在 32℃～35℃。经常向草帘上喷水,保持草帘湿润,使空气相对湿度达到 85%～90%。同时,应注意通风换气,在盛夏每天早、晚各通风 1 次。一般畦的四周发菇多。整个生产期可采收 3 潮菇。

七、麦秸栽培法

我国北方是大面积种植小麦的区域,有大量的麦秸可用来栽培草菇,这是大力发展草菇生产的有利条件。

(一)栽培场地的选择与处理

我国北方地区气温比较低,因此利用麦秸栽培草菇的畦应设在背风、向阳、高燥的地方。土质以富含有机质的壤土为好。畦位以东西向为宜,畦长不限,宽 80 厘米,深 30 厘米。畦周围筑墙,北墙高于地面 30～35 厘米,南墙高于地面 15 厘米,由北向南自然倾斜。畦面横架木棍或竹竿,上覆薄膜和草帘,用以控温和保湿。畦周围的墙要坚固,四壁要铲平,畦底要夯实。畦间留 60～70 厘米走道,兼作排水沟。阳畦做好后应根据土壤湿度浇水,以保持畦底及四壁土壤湿度,防止铺料后因畦土干燥倒吸培养料内的水分,影响培养料的湿度和畦内的空气相对湿度。铺料前还要对畦面喷洒 1 次 pH 值 8～9 的石灰水进行消毒。

(二)培养料的处理与播种

1. 培养料处理 先用石磙将麦秸压扁破碎,浸于 pH 值 8～9 的石灰水中 12～24 小时,使其浸透变软,含水量达 65%左右。之后堆料发酵,每 50 千克麦秸堆成 1 米见方的料堆,踩实后发酵 48 小时,一般料温可达 40℃～60℃。

2. 堆料播种 堆料播种可采用平畦和梯形两种方法。

(1)平畦法 把麦秸扭成"8"字形的草把,先在畦底整齐紧密地铺一层,然后踩实,四周撒一层菌种,再堆放第二层草把,这样顺序堆 3～5 层,踩实。

(2)梯形法 先在畦底四周撒一层菌种,接着堆第一层扭成把的麦秸,草把扭转处朝外。排列要整齐紧密,内部用散草填实,于第一层料四周的边缘 5 厘米处往内撒一层菌种。堆第二层草把时要内缩 5 厘米,再撒一层菌种。播后踩实,使菌种与培养料充分接触。这样依次堆 4～5 层，整个料堆呈梯形。最后堆的表面全面撒一层菌种，再撒一层料。

上述两种方法的每平方米投料量为 15～20 千克，菌种播种量为培养料干重的 8%左右。播种后畦上均要盖薄膜和草帘。

(三)栽培期间的管理

播种后的管理主要是利用揭盖草帘来控制温度，促进菌丝迅速生长。畦温低时白天掀开草帘，利用阳光辐射热提高膜内温度，早、晚盖好草帘保温。在正常情况下，播种后第二天料温开始上升，4～5 天后料中心可达 40℃～60℃，料面为 30℃～40℃，随后逐渐下降。当料温降至 30℃～40℃、约 8 天左右时菌丝开始扭结，形成子实体原基。如果温度超过上述范围，应结合观测温度进行通风换气，一般每天要通风 2～3 次，每次约 30 分钟。生长阶段一般不浇水，如料的湿度不够，可于播种后 5～6 天浇 1 次水。播种后 4～5 天还可在料面覆一层 1～2 厘米的肥沃壤土，这样有利于料面出菇。子实体现原基时，要将覆盖物支起，进行通风换气和增加光照，创造出菇条件。此时培养料的湿度是出菇的关键，如果培养料湿度不足，应及时喷水，并注意喷得均匀一致。菇蕾在纽扣期，尽量不要喷水或少喷水。头潮菇采收后，如果 pH 值达不到 8～9，要喷 1%石灰水调节。

八、混合料栽培法

草菇的原料来源广泛，各地可根据本地区的原料来源和价格，经济地选择 2 种以上的培养料进行栽培。现介绍室内、外方法各一种。

（一）室内棉籽壳、稻草混合栽培

1. 培养料的配制与播种 培养料的配方是棉籽壳44％，稻草44％，切细稻草8.8％（长度5～6厘米），石灰2.5％，尿素0.3％，过磷酸钙0.4％。另加水使含水量达到70％。配制方法是首先将稻草整个浸入水中，每天翻1次，浸5～6天，让其吸足水分，使其软化，以利于进床后的压实和保湿。将棉籽壳预先与切细稻草在太阳下暴晒2天，再建堆发酵。然后加入石灰、过磷酸钙、尿素和水混合建堆，堆宽1.5米，堆高1米，堆期2天，外面遮盖好塑料薄膜，中间翻堆1次。

培养料进房前1天要消毒好菇房，进房时地面浇水湿透，四周撒上石灰粉。翌日先将浸湿的稻草平铺在底层，草根留在两头（每一头留出10～15厘米长），铺成约1米宽，10厘米高。然后在稻草上铺棉籽壳，其铺的厚度视气温高低而定，一般在5厘米以上。铺好后整平，稍加压实，然后撒播菌种。用种量每50千克棉籽壳需14～15瓶（750毫升）菌种。播种后用板轻拍料面，使料和菌种接触，以利于菌丝萌发。如在床架栽培，在铺稻草的下面不需垫薄膜，这样反面也会长菇，可增加产量。播种后再覆一层含20％草木灰的细土，再浇1次pH值10的石灰水。

2. 栽培期间的管理

（1）发菌管理 播种、覆土完毕之后关好门窗以保持菇房内的湿度，使房内的空气相对湿度达到85％～95％。料面上覆盖好薄膜，使料面的小气候环境达到适宜于草菇菌丝体生长的要求。室温控制在33℃左右，料温升至35℃～37℃，在静风和微风条件下适当换气。在适宜的温、湿度等条件下草菇菌丝只需4～5天就可以发好，然后进入出菇管理期阶段。

(2)出菇管理　草菇菌丝刚封面时可揭去薄膜，翌日用喷雾器适当喷一点水(水温要与料温相近)，以增加床面湿度，满足菇蕾形成的需要。白天菇房温度控制在30℃～32℃，当室内外温度接近时，开背风门窗换气。在子实体生长阶段要给予一定的散射光，在阴雨天要揭去门窗上挂的草帘，有条件的可安装灯泡补充光照的不足。菇蕾期不能直接将水喷在培养料上面，应往墙上、地面、走道内喷水。第一潮菇采摘结束后，隔1～2天在培养料上喷少量与室温相近的水，再继续常规管理，又可以出第二、第三潮菇。

(二)室外油菜籽壳、蚕豆秸、棉籽壳、稻草、干鸡粪混合栽培

1. 培养料的配制与播种　培养料的配方为棉籽壳18%，油菜籽壳28.5%，蚕豆秸(5厘米长)22%，干鸡粪3%，稻草28.5%(覆面用)。将上述料(除干鸡粪外)浸入pH值12左右的石灰水中24～36小时，捞起后拌入干鸡粪，堆积发酵3天(稻草除外)，中间翻1次堆，料中温度控制在65℃以上，以杀灭杂菌。翻堆结束后pH值要求8左右，料水比以握紧料有2～3滴水滴下为宜。

选择林阴和背风处，清除杂草、砖石后做成宽0.5～1米，长度不限的畦，喷敌百虫杀死蚯蚓等即可铺料播种。采用层播法，共2层料2层菌种，料厚15厘米。封面菌种占总用种量的70%，总用种量为干料重的12%。播后压紧料面，覆盖经石灰水浸泡过的稻草，再盖上薄膜保温保湿。

2. 栽培期间的管理　发菌期间控制料温不超过40℃和低于25℃。如果料温超过40℃应揭膜通风降温，如低于25℃应再盖草帘。如料面偏干，可用喷雾器将喷头朝上喷雾，

水温与料温接近。7 天左右可形成针尖大小的原基，10～12 天可采收草菇。

九、食用菌废弃料栽培法

某些食用菌在冬末和早春栽培后长至初夏，往往因为气候条件而不适宜其生长，但培养料中的营养物质尚未耗尽，还有再利用的价值；而草菇的生产周期较短，所需养分在那些废弃料中就基本够了。我国用棉籽壳大面积栽培平菇和金针菇等的废弃料，可供栽培草菇。

(一)平菇废弃料栽培

1. 培养料的处理与播种 先在平菇栽培床架上剔除霉烂的废料，将好的废弃料放到干净的地面上(最好是水泥地)，将其压碎，在太阳下暴晒。不急于栽培的，可干燥后存放好。栽培前先在太阳下暴晒 1～2 天，按 100 千克干料加 6 千克石灰。先将石灰化成石灰水翻拌，建堆发酵。堆成宽 100 厘米左右，高约 70 厘米的半圆形料堆，长度视料的多少而定。建堆后覆盖薄膜，边上用砖块压紧。发酵期间料温要达到 65℃左右，一般发酵 3 天。每天翻堆 1 次，每次翻堆后都要用塑料薄膜覆盖。同时将废弃料重量 10％的新鲜棉籽壳也发酵，方法同上。

培养料进菇房前 1 天对室内消毒灭菌，之后将栽培房的门窗打开通风数小时。然后床架上先铺一层干净的薄膜，将发酵好的废弃料搬进菇房，排成波浪式(一般 1 米宽的料可做成 3 个波浪)，拍实，撒一层菌种，再在上面铺一层发酵后的新鲜棉籽壳，拍实后再撒上一层菌种，轻轻压实，上面覆盖一层洁净的旧报纸(最好先放在太阳下晒2～3天),再盖薄膜,将栽培房打扫干净,地面和墙壁上喷些水。

2. 栽培期间的管理 播种后一般在24小时内菌丝开始萌发。发菌前期要特别注意料温的变化,尽量使料温在40℃以下,料温过高时要掀动薄膜以利于散热,也可在室内空间和四周墙壁上喷水降温。如遇突变天气,要适当加温以保证菌丝体的正常生长。过5天左右、菌丝体长满培养料时,掀去报纸,进行覆土。覆盖所用的土最好是洁净无污染的肥沃菜园土,土层厚1厘米左右。土的含水量以手捏起能成团、放开能散开为宜。覆土后仍需盖上薄膜,当土层中菌丝体长满后掀去薄膜。在保湿条件不好的菇房中可将薄膜在床架上架空,以利于保湿。床面上开始出现针头状菇蕾时,空气相对湿度要保持在85%～90%。在子实体生长阶段要适量通风,以防止畸形菇的出现。菇蕾小的时候不能直接往菇上喷水。菇蕾在纽扣期至蛋形期如果培养料缺水,将水温调至室温,然后用喷雾器进行雾状喷水。子实体长至伸长期即可采摘。当第一潮菇采收完毕后将床面清理干净,喷足料中的水分(如料中的pH值低于8时,可喷石灰水),然后覆盖薄膜,待第二潮菇蕾出现后再掀开薄膜。

(二)金针菇废弃料栽培

1. 栽培场地的选择与处理 到6～7月份草菇栽培季节,选择土质肥沃、近水源的地块整地做畦。先将栽培场地深翻暴晒3～4天,后做成宽1米的畦。畦两边挖宽30厘米,深15～18厘米的排水沟。然后浇大水1次(水面超出畦面10厘米),让其浸透畦土,再将水放去,略晾干,当脚踏畦床没有泥浆时即可栽培。

2. 培养料的配制与播种 对栽培过金针菇的塑料袋培养料，凡腐烂、变质的剔除，好的将袋上层切除1～2厘米，脱袋后将棉籽壳废弃料打碎、晒干备用。到使用时将备用废弃料在太阳下暴晒1～2天，然后按100千克干料加6千克石灰化成的石灰水翻拌，建堆发酵。建堆后在堆表面覆盖薄膜，边上用砖块压紧。发酵期3天，料温在65℃左右。每天翻堆1次，每次翻堆后堆表均要覆盖塑料薄膜。同时对相当于废弃料10%～15%的新鲜棉籽壳进行发酵。

先在畦床内撒一层石灰粉消毒灭菌，再铺料。铺料时做成波浪形，约35厘米宽一个波浪，而后空出15厘米，再用料铺一个波浪。料上面撒上一层菌种，轻轻拍实后在波浪上再铺一层发酵好的新鲜棉籽壳，拍紧后再撒上一层菌种。菌种上面覆盖一层薄膜，再覆盖一层草帘。

3. 栽培期间的管理 待菌丝体长满料后（约5天）上面再覆一层肥沃的菜园土，在畦上用竹片做成小拱棚，将薄膜覆盖在棚上，棚上再盖上草帘，3天后即可见菇蕾。出菇期的管理可参照其他方法的室外栽培管理。

第八章　银丝草菇的栽培技术

一、栽培现状及经济价值

银丝草菇学名[SiikyVo(vaddLa)]Voiundiakombydna(Prcs;Fr,)Sing,又名丝盖小苞脚菇、银丝菇。在分类学上属担子菌亚门,层菌纲,伞菌目,光柄菇科,苞脚菇属(草菇属)。是我国近年来驯化栽培的一个食用菌新品种。子实体肥嫩鲜脆,风味独特,营养丰富,深受消费者青睐。

银丝草菇属中温型菌类,其生长发育所需温度较普通草菇低,不仅我国南方可栽培,也很适合北方地区栽培。目前我国栽培的范围还较小,产品供不应求,极具开发前景。

二、生物学特征特性

(一)形态特征

子实体中等至大型,多丛生,一般 3～5 个一丛,多的一丛可达 20～30 个,重达 500 克左右。子实体开伞前为长椭圆形或棒槌形,基部稍大,上部外菌幕表面有褐色鳞片,下部浅灰色,近基部白色。开伞后菌盖突出外菌幕,外菌幕残留在菌柄基部成为菌托。菌盖初为钟形,后平展,中央微凹起,淡黄色,有带光泽绒毛,菌盖直径 5～15 厘米。菌肉白色,较薄。菌褶离生,密集,不等长,中部宽两端窄,初白色,后变为棕褐色。

菌柄中生，白色，长5～18厘米，直径0.7～2厘米，纤维质，内实，表面光滑，圆柱形，常弯曲，向上渐细，基部有大而厚的环形菌托，菌托污白色带浅褐色，具裂纹或绒毛状鳞片。孢子近无色，光滑，宽椭圆形至卵圆形，大小为(4～5)微米×(5.5～8.5)微米，孢子印粉红色或棕色。

(二)生活习性

1. 营养 银丝草菇属木腐菌，野生，常于夏秋之间发生在阔叶树腐木上，可连续多年生长子实体。但也能在稻草、棉籽壳等混合培养基上生长良好。人工栽培时用稻草、棉籽壳等作主要培养料，可满足其对营养的需求。

2. 温度 银丝草菇属中温型菌类，比一般草菇略耐低温，菌丝生长温度为15℃～35℃，最适温度为22℃～28℃，35℃以上至40℃，菌丝大部分萎缩死亡。子实体生长温度为12℃～28℃，最适温度为15℃～20℃。超过30℃，子实体停止生长，乃至枯萎死亡。生长阶段总体对温度要求比普通草菇低，因此1年可栽培3季。

3. 水分和湿度 菌丝生长要求培养料含水量达60%，出菇时环境空气相对湿度以80%～85%为宜。湿度过低，出菇少，菇蕾易萎缩死亡。

4. 空气 银丝草菇菌丝生长旺盛，生长速度快，新陈代谢强，因此发菌期及出菇时均需要充足氧气。

5. 光照 菌丝生长无须光照，但不同光谱对银丝草菇的菌丝生长势及原基形成均有不同影响，蓝光和绿光对原基形成有明显促进作用。出菇时应绝对避免强光直射，以免培养料变干或导致幼菇死亡。

6. pH值 菌丝生长和子实体发育适宜的pH值为7～7.2。

三、菌种制作

(一)母　种

1. 培养基配方及制备　银丝草菇母种培养基与草菇基本相同。可选用以下几种加富培养基配方。

配方 1　马铃薯 200 克，葡萄糖 20 克，琼脂 20 克，磷酸二氢钾 2 克，硫酸镁 2 克，硫酸铵 3 克，维生素 B_1 5 毫克，水 1 000 毫升。

配方 2　马铃薯 200 克，葡萄糖 20 克，琼脂 20 克，酵母膏 6 克，水 1 000 毫升。

配方 3　稻草 200 克(切碎煮汁)，蔗糖 20 克，琼脂 20 克，硫酸铵 3 克，水 1 000 毫升。

配方 4　葡萄糖 20 克，琼脂 15～30 克，蛋白胨 2 克，磷酸二氢钾 0.6 克，硫酸镁 0.5 克，维生素 B_1 5 毫克，水 1 000 毫升。

以上任选一方，配制方法同常规。

2. 接种培养　将引进或分离的银丝草菇试管种，按无菌操作接入配制好的斜面培养基上，置 24℃左右下培养，经 7 天左右，当菌丝长满斜面培养基，即为扩繁银丝草菇母种。

(二)原种和栽培种的制作

1. 培养基配方　原种和栽培种的培养基可以相同。常用的可选以下几种。

配方 1　稻草(切碎)78%，麸皮(或米糠)20%，糖 1%，过磷酸钙 1%，水适量，pH 值 7～7.4。

配方 2　棉籽壳 93%～95%，麸皮或米糠 3%～5%，碳酸钙 2%，水适量，pH 值 7～7.5。

配方 3　棉籽壳 78%，麸皮 20%，蔗糖 1%，石膏粉 1%，水适量，pH 值自然。

配方 4　稻草（切碎）74%，棉籽壳 25%，石膏粉 1%，水适量，pH 值自然。

以上任选一方，配制方法同常规。

2. 接种培养　将母种按无菌操作接入配制好的培养料瓶、袋中。置 24℃下培养，15～20 天菌丝即可长满瓶、袋，如无杂菌污染，即可用于生产。

四、栽培技术

（一）生产季节

银丝草菇菌丝生长温度适应范围较宽，出菇温度较草菇偏低，15℃～30℃均可出菇。除冬季外，其他季节均可栽培。长江沿岸及以南地区，5～10 月份均可播种；黄河及以北地区，6～9 月份为最佳栽培期。

（二）栽培原料及配制

1. 栽培原料　实践证明，稻草培养基通气性好，播种后菌丝生长快，但由于质地疏松，养分较差，菌丝长势较弱，不利于高产。棉籽壳质地紧密，接种后发菌密度大，尖端整齐，但透气性较差，菌丝生长慢，易感染杂菌。用稻草和棉籽壳混合培养基可克服以上缺点。

也可选用以下配方，其配方为：①稻草 30%，棉籽壳

60%,麦麸(或米糠)5%,草木灰4%,石膏粉1%,料水比1∶1.3～1.4。②稻草39%,废棉39%,麦麸(或米糠)20%,石膏1%,硫酸镁1%,水适量。③棉籽壳39.5%,甘蔗渣39.5%,麸皮20%,石膏1%,水适量。

2. 培养料的处理及接种培养 银丝草菇可用熟料袋栽或发酵料床栽,其中熟料栽培产量较高,生物转化率可达45%～60%;发酵料栽培产量较低,生物转化率只有40%左右。

(1)**熟料栽培** 将稻草切成1～2厘米长的段,用3%～5%石灰水浸泡12小时,与预湿的棉籽壳拌匀,再加入其他辅料拌匀后装袋,塑料袋为17厘米×33厘米的筒膜袋,每袋装干料350克左右,采用高压蒸汽或常压蒸汽灭菌,按常规方法接种培菌。

(2)**发酵料栽培** 将稻草用3%～5%的石灰水浸泡12～24小时,捞起沥去多余水分,再将其他原料加入并搅拌均匀,然后建堆发酵。料堆建成梯形堆,堆底宽2米,顶宽1.5米,高1.3～1.5米,长度以料量为限。建好堆后在堆上扎2～3排直径3～4厘米深至料底的透气孔,以利于通气。堆上覆盖草帘,保温保湿以利于发菌。建堆后3天,当料内温度达60℃～90℃时,保持24小时后进行翻堆,翻堆时将料抖松,并将上下、内外的料相互移位复堆,使其发酵均匀,以杀死部分杂菌及害虫。先后翻堆2次,第六天将料堆摊开,以利于排除有害气体和降温播种。

(三)栽培方式

1. 袋料覆土栽培法 将制好的菌袋于25℃～28℃下培养,25～30天后,当菌丝长满袋,袋壁可见淡黄色厚垣孢子堆，稍待几天，见有许多分散的原基时，即将菌袋移入菇房或室外进行覆土出菇。其管理要求如下。

(1)菇场消毒　菌袋进房或移入室外菇场之前，要对菇房或出菇场进行消毒，室外出菇场可撒石灰粉消毒杀虫。

(2)排袋覆土　将菌袋口打开，立排于菇房或室外阳畦床面上，袋间距 1～2 厘米，用菜园土在料面覆盖 2～3 厘米厚，将袋口塑膜向下反卷至土层相平，并将袋间空隙处塞满土，以利于稳袋和保温出菇。

(3)水分管理　排袋后即可进行喷水管理。覆土层具有缓冲和调节水分的作用，因此喷水只需保持土壤湿润即可。在适温下，5～7 天便有白色小菇蕾露出土面，此时除保持土壤湿润外还应向空中，地面勤喷水，以保持空气相对湿度 85％～90％为宜。

(4)采收　从菇蕾出土到采收需 4～6 天，当外菌幕尚未破或刚破裂时即可采收。采收时将土中菌柄连同拔出，并补上新土，喷水调湿，以利于下潮菇发生。

(5)病虫防治　银丝草菇生长期有时正值高温，易发生菌蚊和菌螨为害。危害严重时可更换覆土，可减轻病虫害。

2. 发酵料菌床栽培法　菌床栽培法，可在室内进行，也可在室外大床栽培。大面积生产银丝草菇，一般在室外进行床栽。

(1)整地建床　选择地势较高，地面较平坦、土质肥沃的地方做菇床。先清除杂草，深翻晒土，以杀死杂菌、害虫。然后整成龟背形的床面，床宽 1～1.3 米，畦床间留 0.5 米宽的人行道，以便操作和管理。畦床两端各设一小水坑(宽、深各 0.5 米)贮水，以利于日后浇水灌溉之用。

(2)铺料播种　将发酵好的培养料铺于床面，适当压实，厚度 8～10 厘米，然后沿料四周撒一条宽 20 厘米的菌种带，再铺 8～10 厘米厚的培养料，接种方法同上。最后再铺 5 厘米厚的培养料，将菌种撒于料面，压实后覆膜保温保湿，以利于发菌。播种量：每平方米铺干料 25～30 千克，用菌种 4 瓶（750 毫升种瓶），下层料用种 1 瓶，中间用 1 瓶，最上层用 2 瓶，以利于料面尽快形成菌丝优势，防止杂菌感染。畦床上搭建遮阳棚或覆盖草帘，防止阳光直射。

(3)发菌管理　播种后保持料温 22℃～28℃，隔日掀开薄膜四周通风 1～2 小时，以利于增氧促进发菌。经 18～20 天，菌丝可发满菌床料层，开始形成原基。

(4)出菇管理　原基形成时，揭去薄膜等覆盖物，用经 3%～5%石灰水浸泡的稻草覆盖菇床，这样既可保证菇蕾有充足的氧气，又可使小环境的空气相对湿度达 80%～90%，同时也可解决喷水时冷水直接刺激菇蕾而导致幼菇死亡的问题。原基形成后，温度应控制在 15℃～20℃，5～6 天即可采收。

此种方式也适宜在塑料大棚内栽培，棚内的温、湿度更容易控制，只要加强通风换气，效果更佳。

3. 室内床架式栽培法　利用空闲房或专用菇房，搭建床架栽培银丝草菇，可获得较高产量。

(1)搭建床架　用竹、木、铁丝等搭成床架，床架高 2.3 米；宽 0.8～0.9 米，内设床 4～6 层，层距 0.5 米。根据菇房大小一间菇房可排 2～3 排床架。

(2)菇房、床架消毒　栽培前对菇房清除杂物，擦洗床架及地面，用 3%～5%漂白粉加入稀释的石灰乳喷洒墙壁、地面及床架的各部位，干燥后关闭菇房，进料前 1 天用 40%甲醛溶液每立方米空间 15 毫升熏蒸消毒。使用前打开门窗通风换气，待甲醛气味消失后进行铺料播种。播种要求同室外大床栽培。

(3)发菌及出菇管理　床架栽培由于室内空间利用率高，容量大，容易引起氧气缺乏，影响菌丝发育和原基形成及造成菇蕾死亡。因此，除调控好温、湿度、光照外，应特别注意通风换气的管理。每天应开窗通风 2～3 次，每次不得少于 30 分钟。

(4)采收及后期管理　银丝草菇采收的最适期在蛋形期，当菌蛋充分长大，基部开始变松时应及时采收，否则菌柄迅速伸长，顶破外菌幕，造成菇质下降，影响商品价值。采收时手握菌蛋，用种刀从基部切下，及时就近鲜销或加工，以防开伞变质。采收第一潮菇后，清理菇床，将残留的菇根及杂物除去，向菇床面喷 1%～ 2%的石灰水，以利于增湿和调整培养料的 pH 值，不久又可采收第二潮菇。一般可收 2～3 潮菇。

(5)病虫防治　病害常见的有绿霉菌和鬼伞菌。防治方法：栽培前选用新鲜、干燥、无霉变的原料。配料时，堆制发酵好可杀灭部分杂菌。发菌时一旦发现上述杂菌局部感染，对绿霉菌可用石灰粉覆盖杀灭，对鬼伞及时摘除，或用 3%的石灰水喷杀。害虫常见的有菇蝇和菇蚊。防治方法：采菇后用 1%蚊蝇净烟剂熏杀，每 15 平方米料面用药 3.5 克，每 7 天 1 次，连续 3 次，可保证出菇期不受该虫为害。

第九章　浏阳麻菇的栽培技术

麻菇，是草菇中的上品。

湖南省浏阳地区盛产苎麻，在沤了的麻秆上常生有许多草菇。因为其生长在麻秆上，当地人们将其称为麻菇、秆菇，或浏阳麻菇。

麻菇菇体褐色，菌盖中央突起，黑褐色，其他部分灰褐色。菌肉白色。菌柄上细下粗，白色。菌托灰褐色。子实体个大，单生、群生或丛生，菌盖直径 10～14 厘米，平均单个重 40 克左右。易开伞，适合烤制干菇。麻菇一般播种后 5 天现蕾，较草菇其他品种早 2～3 天。子实体生长速度也快，从现蕾至开伞，一般也是 5 天左右。可见，播种后 10 天左右就可采收第一潮菇。种 1 次可收 3～4 潮菇，整个生产周期 1 个月左右。麻菇比草菇的其他品种易生红褐色的厚垣孢子，因此抗逆力更强。在长沙一带，麻菇可在不加温的室温下越冬。它耐低温的能力较强，因而栽培季节就长。气温 20℃以上即可生长，在湖南省 4 月下旬至 10 月上旬都可以栽培，以 6 月上旬至 7 月上旬最为适宜。气温超过 35℃，生长过快，产量低。栽培麻菇可以用麻壳、麻秆、棉籽壳、稻草、麦秸、玉米秸及甘蔗渣等多种原料进行栽培，以麻壳为最好，生物转化率可以达到 50%；其次是棉籽壳，生物转化率为 40%～45%；用稻草、麦秸栽培，生物转化率只有 30%左右。培养料含水量要达到 70%～75%，膜内空气相对湿度需达到 85%～95%。麻菇喜欢偏碱性环境，培养料 pH 值以 8～9 为最佳。麻菇对氧气的需求，不像草菇等其他品种敏感，在防空洞里也能正常出菇。

一、麻菇栽培方式

麻菇可以在室内栽培，也可以在室外栽培。

(一)室内栽培

要求菇房通风良好，既保温又保湿，有足够的散射光线(500～1 000 勒)，很好的卫生条件。一般的空房、仓库、旧菇房等都可以利用，但要打扫干净和经过消毒、灭虫。在水泥地上栽培，需填 5 厘米左右厚的田园肥土。利用床架栽培可扩大播种面积，但要求床架底层离地面 15 厘米以上，其他各层距离要有 65 厘米左右。床架宽 1.5 米，床架与床架之间要留出人行通道 70 厘米左右。

(二)室外栽培

栽培场地要求水源方便，地势稍高，排水良好。一般采用筑床栽培。春末夏初气温较低时，畦床应选坐北朝南、阳光充足的地方。夏季气温较高时，应选通风良好且阴凉的地方，以免高温造成大量死菇。有条件时，最好选用水杉、杨树、果园等树林的行间进行栽培。栽培畦床的土质以富含有机质的沙壤土为宜，先翻地晒土，而后把土块打碎做畦。畦宽 1.2 米、长 10 米左右，畦面整成龟背形，两畦之间开一条宽 50 厘米、深 20 厘米的沟，用来排水和作人行道及操作通道。

二、麻菇高产栽培技术

根据各地经验，要使麻菇高产，应做好备培养料、铺培养料、认真播种、加强管理、适时采收等工作。

(一)准备培养料

包括从培养料选择、培养料配方、培养料发酵等 3 个方面。

1. 培养料选择 为发挥麻菇的高产特性,最好选麻壳、麻秆、棉籽壳、废棉及甘蔗渣等作主培养料。这些原料都要求新鲜、未发霉变质、无病虫和杂菌,用前最好在阳光下暴晒2~3 天。所需铺料,也要求新鲜、未变质、无生虫及纯净。

2. 培养料配方

配方 1 麻壳 75%,干牛粪 20%,过磷酸钙 1%,石灰 4%。

配方 2 麻秆 80%,米糠 15%,过磷酸钙 1%,石膏粉 1%,石灰 3%。

配方 3 棉籽壳 94%,过磷酸钙 1%,石膏粉 1%,石灰 4%。

配方 4 废棉 94%,过磷酸钙 1%,石膏粉 1%,石灰 4%。

配方 5 稻草 75%,干牛粪 20%,石膏粉 1%,石灰 4%。

配方 6 棉籽壳 42%,稻草 42%,麦麸 10%,玉米面 2%,过磷酸钙 1%,石灰 3%。

配方 7 甘蔗渣 82%,玉米面 3%,米糠 10%,过磷酸钙 1%,石膏粉 1%,石灰 3%。

3. 培养料发酵 选取上述任何一种配方,如配方 3,将石灰溶于水中,用石灰水喷洒棉籽壳,直至棉籽壳全部湿透,然后拌入磷肥和石膏粉。拌匀后成堆,盖上塑料薄膜。待堆中心温度上升至 60℃时,过 24 小时后翻堆,翻堆后中心温度又上升至 60℃时,再过 24 小时即可进行铺料。

(二)铺培养料

铺培养料的方法,因栽培方式不同而有所区别。

1. 床式栽培 铺料厚度,应根据培养料的种类及当时的气温而定。一般来说,气温为25℃左右时,棉籽壳料厚以13厘米左右为宜,稻草料厚以20厘米左右为宜;气温为30℃左右时,棉籽壳料厚10厘米左右,稻草料厚17厘米左右。若不进行后发酵,培养料进房后,应立即进行翻料,即将培养料抖松,以排除料内异味。同时,要使料松紧一致,厚薄均匀,整平并轻压。床面最好整成波浪式,以增加出菇面积。稻草作培养料时,一定要压实,最好采用长稻草扎把,每把直径20厘米左右。

有条件的菇房,应对培养料进行后发酵,以提高麻菇的产量。具体做法是:培养料堆置发酵好后,立即趁热搬进菇房,关闭门窗,并进行加温,使料温达到60℃左右,保持4～6小时,而后小通风,逐渐降温至50℃左右,保持1～2天,然后开门窗通风,降低料温,准备播种。

2. 堆式栽培 适用于稻草等长秸秆培养料。堆的大小依气温而定。气温低时,堆型可大些,气温高时,堆型应小些。气温在25℃左右时,堆宽75厘米,堆高35厘米。气温在30℃左右时,堆宽70厘米,堆高30厘米;气温在33℃以上时,堆宽60厘米,堆高29厘米左右。

3. 畦式栽培 室外小畦以龟背式形状为好。充分浇水渗透后,畦面及其周围撒上石灰,即可铺料播种。料要铺成波浪形,满面撒上菌种,压紧,再盖上塑料薄膜。

(三)认真播种

铺好料后即可播种，播种时要选用优良的麻菇菌种。菌龄不宜过长或过短，最好当菌丝发到瓶底5天左右，且瓶内出现红褐色的厚垣孢子时播种。一般100平方米栽培面积，应播栽培种400瓶左右。以点播为好，株、行距均为10厘米。菌种半露于培养料表面，播好后用木板轻轻压平料面，再于其上覆盖塑料薄膜，保温、保湿，发好菌丝。

(四)加强管理

1. 控制料温 料内最高温度应控制在45℃以下。若料温过高，应找出原因，及时降温。如是培养料过干，可淋水补湿降温。如是培养料过厚，可在料内打洞通风降温。降温要缓慢。

2. 调节湿度 料内含水量以70%～75%为宜，可通过以下措施调节。

(1)*料面覆盖* 播种后料面覆盖塑料薄膜，有利于保温、保湿。4天后揭去薄膜，另盖上薄薄一层预湿稻草或1厘米左右厚的粒状菜园土，并喷10%的石灰水，使土湿润。室外露地栽培，应在畦面上搭塑料拱棚，以便保湿。其上盖草帘，既可保温，又可防太阳直射。

(2)*料面喷水* 播种4天后，可在覆盖的稻草或土粒上喷水，尽量不使水流进料内。麻菇菌丝开始扭结时，喷好“出菇水”。当大量小白点状的幼蕾形成时，以保湿为主，料面暂停喷水。当菇蕾由白色变为鼠灰色时，再逐渐增加喷水量。当第一潮菇采收将近结束时，停止喷水，整理好床面，用塑料薄膜覆盖1～2天，以提高料面湿度。同时，加大通风量，增加光照，促使下一潮菇蕾形成。

（3）地面洒水　提高空气相对湿度，可采用地面洒水和空中喷雾等措施。

3. 注意通风　菌丝生长阶段，麻菇菌丝可忍受一定浓度的二氧化碳，定期短时通风即可。出菇阶段，麻菇虽然对二氧化碳不很敏感，但也要注意通风，增加通风次数，延长通风时间。一般每天应揭膜通风2～3次，每次10分钟左右。为防止湿度下降，揭膜前应先向地面和空间喷雾。

4. 控制光照　刚播种后要避光，否则不利于菌丝萌发和吃料，还会提早现蕾，影响出菇数量和质量。5～7天要增加菇床光照。室内光照差时，应增开电灯，室外要去掉一切遮光物，但必须防止直射阳光照射。光照强度以500～1 000勒为宜，每天照射10小时以上。

5. 防治杂菌　麻菇的杂菌有鬼伞、绿霉、石膏状霉菌等。防治方法是，选用无霉变且经过暴晒的原料，并用新鲜石灰水浸泡消毒，培养料最好浸过后发酵，再适当调成偏碱性，控制料温勿使其过高，注意通风，培育健壮菌丝。出现鬼伞，立即拔除。发生霉菌，及时撒石灰抑制。

6. 杀灭害虫　害虫主要有蜗牛、跳虫、蚯蚓等，应及时防治。室外畦床地面浇茶枯水或氨水，以杀死土里的蚯蚓。

（五）适时采收

适时采收是保证麻菇加工质量的重要环节。麻菇采收适期是菇蕾长足，包被未开。采收时一手按住培养料，一手轻轻把菇拧下，切勿伤及周围未成熟的幼菇。若要干制，则需将采收菇基部的污物去净，再用利刀从上至下剖成两片，但基部要连一些。然后放在阳光下置竹帘上暴晒或烘干，而后分级捆把包装，于干燥通风处保存。

三、麻菇菌种的安全越冬

草菇是高温型菇，过去只在江南种植，近年逐渐向北方种植，这就产生安全越冬问题。麻菇虽然较耐低温，但越冬问题也不应轻视。有人认为草菇菌丝不耐低温，于是把试管菌种放在温箱中保存。结果因温度高，培养基很快失水，致使斜面干裂，菌丝萎缩。有人意识到在高温下保存斜面菌种易失水干裂，就多次转管，这对保持菌种的种性也很不利。还有错误地把草菇试管菌种放在冰箱中保存，结果没多久，试管内即出现菌丝消融和死亡现象。如此种种，只好每年向南方调种，既给生产带来不便，又无法保留优良菌种。

为使草菇菌种安全越冬，在每年种完最后 1 次草菇时，用马铃薯白糖麦麸培养基（马铃薯 200 克、麦麸 30 克、白糖 20 克、琼脂 20 克、水 1 000 毫升）把要保存的优种，以无菌操作法进行转接，待斜面出现红褐色的厚垣孢子后，用数层纱布外加黑布包裹，放在 10℃～15℃通风干净的室温下保存。翌年使用时，进行扩管即可。另一方法是取新鲜干燥稻草，切成 2～3 厘米小段，放在 2%～5%的石灰水中浸泡 4～8 小时，充分吸湿后捞起，用清水稍加冲洗后，沥至不滴水。按干稻草 80%，麦麸或细米糠 19%，白糖 1%的比例拌料，加入研碎的维生素 B_1 2 片更好。料拌好后，装入 150 毫升三角瓶，装料高为瓶颈处的 1/2。用牛皮纸包扎瓶口后，在 107.8～147.1 千帕压力下灭菌 1 小时，而后以无菌操作法接入经组织分离到的纯母种。置 32℃～35℃温箱培养 10～15 天，取出放室温下通风干净处存放。翌年于制种前 1 个月，在无菌条件下，取出保存的稻草培养基菌种，剪成3～5毫米长，接种在斜面试管内，置32℃～35℃温箱中培养3～4天，即长出新鲜的草菇菌丝。经1～2次转管纯化后，即可制原种、栽培种进行生产。

第十章　草菇增产的其他技术措施

一、在培养料中添加高效、速效的营养物质

草菇的生产周期短，子实体形成的整个过程19天左右。在生产上要达到高产优质的目的，必须在短期内（20天内）能提供足够的草菇容易吸收利用的养分，这除原材料经过一定堆制发酵，利用有益微生物先把培养料中复杂的有机物，降解为简单的、可溶性的物质外，在培养料中添加一些速效高效的营养物质，也是草菇增产的有效途径之一。据报道，在草菇培养料中添加0.2%绿威宝，绿威宝由广州军区翠竹集团科技开发中心提供，每包100克，每100千克干料（稻草）添加200克绿威宝，平均可使草菇增产81.2%。使用浓度低于0.2%，或高于0.2%，增产幅度明显下降。绿威宝是一种高效叶面肥，含氮25%，磷8%，钾8%，其余59%是硼、钼、镁、锰、铜、铁、锌等微量元素，能快速地满足草菇生长发育对营养物质的需要，因而增产效果显著。在培养料中添加绿威宝的具体做法如下。

（一）培养料配方

稻草700千克，石灰28千克，六合土（稻田土加牛粪等材料配成）210千克。

(二)堆制发酵

先将稻草浸 4 小时,捞出后堆闷 1 夜,第二天堆料,铺一层稻草,撒上石灰,加一层六合土,拌匀堆积,覆盖薄膜,利用日光发酵 3 天,堆温达到 60℃,第四天翻堆。

将绿威宝(200 克)用清水溶化后,喷入稻草中拌匀,再堆积发酵 3 天,第七天,将腐熟料搬进控温菇房接种。接种后按常规法管理。

二、选用适宜的覆土材料及发挥边缘效应

在生产实践中可以观察到约有 30%的菇蕾是长在菇床周边的土壤上和料堆顶端盖土部分,尤其是在气温高时,长在上面的菇蕾数量更多。因此,选用适宜的覆土材料和增加培养料与土壤或菇床周边的长度,也是提高草菇产量的重要途径之一。

根据草菇喜碱的习性,选用火烧土(山灰土)作覆盖材料,对提高草菇产量极为有利,因为火烧土经熏烧之后,杀灭了附在其中的病菌和害虫,可减少病虫危害,又含有丰富的钾,呈碱性或微碱性,适于草菇菌丝的生长。此外,肥沃疏松的壤土、菜园土也是覆土的好材料。室外栽培的,菇畦应建在土质疏松富含有机质的土壤上,如上海市南汇县常将菇畦建在前茬为油菜和西瓜的大田中,并在菇畦四周高培土。

三、利用“地脚菇”增产

“地脚菇”也称“地菇”，是地床栽培草菇时菌丝向料床周围土壤中蔓延生长并结菇的现象。尤其在有机质丰富、通气良好的土质中往往出菇密集，菇体也较大，其比例有时可达到产菇总量20％左右。因此，人为增设各种形式的地脚菇床，可显著提高草菇生产率，下面是一些行之有效的方法。

(一)料侧设地脚菇床

这是床架式栽培与地畦式栽培都可采用的铺料方式。以地畦式栽培为例，一般按宽1米做畦，将处理好的培养料铺在畦床中间70厘米的宽度内，铺成龟背形，中间料厚15～20厘米，两边厚10厘米。在料的两侧用肥土铺成地脚菇床，各宽15厘米，厚5～10厘米。

(二)料土相间式菇床

畦宽1米，两侧畦边各留10厘米作为地脚菇床，中间是培养料铺成的厚15～20厘米、宽30厘米的2条垄，在垄间填铺上宽20厘米、厚5～10厘米的肥土。在每个畦内有2条料垄和3条地脚菇床。这样做畦的优点是用料少，地脚菇多。

(三)扩展出菇面积增产

在生产实践中发现，在培养料用量相近的情况下，铺料的表面积适当增加，草菇产率也相应提高。因此，可以通过增加铺料的表面积来增产。

1. 波浪形铺料 做成1米宽的畦床，顺畦床长度将料铺成两个波峰，波峰间距25～30厘米，峰高15～20厘米，波谷料厚8～10厘米，在畦的两侧各留5～10厘米宽的地脚菇床，土厚5厘米左右。

2. 窄畦式栽培 采用的这种方式，以棉籽壳为主料可获得30%～40%增产率。在大棚内南北向做畦，畦床底宽60厘米，深20厘米，上口宽80厘米，长据棚而定。按畦上口间距，为走道兼浇水沟。

培养料经发酵约3天。铺料播种采用4层料3层种的方式，料的总厚度为14～16厘米，1平方米用干料8～9千克。播完种后，为尽量增加地脚菇面积，松动畦边主埂使之与种料接触好，盖地膜时一并盖上，以利于菌丝蔓延扩展。

窄床有利于调节料温，防止高温伤菌，改善床面通风透光状况，有利于草菇子实体形成和生长。

四、草菇二次播种

草菇第一潮菇很密集，生长良好，菇型较大，占总产菇率的50%～70%。而第二潮菇往往难以出菇，即使有菇长势也很弱，产量大减。分析其原因，一方面是培养基质的变化，如营养成分的减少、物理结构的变化和pH值的变化等，另一方面则是由于菌丝衰老自融，失去了继续形成原基的能力。但此时培养料营养并未利用多少，可再次播种出菇。实践表明，二次播种增产效果甚佳，可提高生产率20%。二次接种的接种量可以掌握在原铺培养料干重的2%～3%。

以废棉或棉籽壳为培养料的，采收第一潮菇后撬松料面，用1%～2%石灰水泼浇湿透，调整料中酸碱度至pH值8～9，在料面撒播菌种后再在上面铺盖薄层发酵过的废棉或棉籽壳培养料，然后按常规方法管理即可。

也可在采收第一、第二潮菇后，将料块翻过来，即把底层培养料翻到表层，用1%～2%的石灰水浇洒、补水，并调整料中酸碱度至 pH 值 8～9，再在表面撒播菌种进行第二次接种，然后再铺撒一层培养料。

以稻草为栽培料时，可在堆草播种后的 3～4 天，在草层空隙间再塞入菌种，进行二次接种，菌种用量为第一次用种量的 20%左右。

五、精细管理增产

(一)覆膜保温

用塑料地膜覆盖接种后的料块、菌床或草堆，可增高料温，保持湿度，增加料面四周小气候中二氧化碳浓度，促使有益微生物繁殖，促进草菇丝生长，具有显著的增产作用。接种后应立即覆膜，宜早不宜迟。为防止薄膜紧贴料面影响菌种正常呼吸，可在料面撒放一些经石灰水消毒的稻草或麦秸。覆膜后要注意检查料温变化，如料温超过 40℃应及时揭膜降温。夏季气温高，薄膜要适当架空或揭开一角，以防料温过高烧伤菌丝。覆膜 3～4 天后，应将薄膜用竹片架起，使料面略微干燥，促进菌丝向料内延伸。当出现菇蕾后，应及时将覆盖的地膜揭去，以防菇蕾缺氧闷死。

(二)喷水增湿

一般采取浇水和喷水两者相结合形式。播种前几天将畦床浇水湿透，种后头几天料块上覆盖的地膜一般不要揭开，以减少料内水分蒸发，使培养料含水量保持在65%～70%，以满足菌丝生长对湿度的要求。湿度不够时，可以采取向畦沟内浇水的方法，使畦床潮湿来增加空气相对湿度，以保持培养料内适宜的含水量。浇水时，一定注意不能浸湿料块。菌丝生长阶段，尽量不向料面喷水，培养料过湿通气不良，草菇菌丝呼吸作用受抑制，并且好氧性微生物活动减弱，料温下降，引起厌氧菌大量增殖，培养料腐败变质，草菇菌丝自溶死亡。

草菇出菇期间，空气相对湿度以90%为宜。湿度太高，影响菇体表面水分的交换，正常的蒸腾作用受阻，体内物质运输不畅，容易引起子实体腐烂和发生病害；湿度太低，子实体发育受阻碍，菇蕾不易形成，已形成的菇蕾也会枯死。为保持有较好的湿度，一般可采取浇水与喷水同时进行。向畦沟内浇水，使畦床湿润，以保持培养料内含水量。向空中喷雾，以增加空气相对湿度。不宜直接向料块喷水，尤其在刚见菇蕾时，严禁向菇蕾喷水。对幼菇不要喷重水，且在喷水后进行通风换气，防止菇体积水烂菇。一旦料块过干必须补水时，一定要喷清水，喷头向上，轻喷、勤喷，以补充料块内失去的水分，喷水的水温与气温相近（与料温不能相差4℃以上），以防水温过凉喷后料温下降，引起幼菇死亡。

（三）控制温度

草菇属高温型菌类，菌丝生长发育适宜的气温（周围空气温度）为30℃～32℃，适宜的料温为35℃～38℃，掌握好适宜的温度是草菇栽培成败和产量高低的关键。一般情况下，料温的高低与培养料的种类、堆料厚度及料面有无覆盖物直接有关。气温适宜时，接种后2～4天，料温不断升高，当料床中间温度升高至35℃～40℃时，料表面的温度一般为32℃～

35℃，与草菇丝生长适宜温度32℃～35℃趋于一致，促使草菇菌丝速生旺发。草菇接种后，每天要定期观测料温，控制和掌握好料温变化。料温太高，超过40℃，会影响菌丝生长，应及时将盖在料块上的地膜掀开，通风散热，降低料温。料温过低，应采取增温保温措施，在料面盖草被或覆盖双层塑料薄膜，白天揭开草帘利用太阳热能提高棚温。发菌期间菇棚温度应保持在25℃以上，如温度低于25℃则料温难于上升，菌丝难于萌发生长。在初夏和早秋气温变化大，要注意菇棚保温，防止夜间温度骤然下降，使正在生长的菌丝受到伤害。

草菇菇蕾形成与菇体发育所需温度比菌丝生长期要稍低，一般料温保持在30℃～35℃，菇棚温度28℃～32℃为适宜。出菇温度适当低一些，子实体生长慢，开伞迟，菇型大，菇肉厚实，粒重，质量好。盛夏季节，气候炎热，菇棚温度往往升高至40℃以上，易引起大批幼菇枯萎死亡，应注意观察气温变化，及时通风散热。菇棚内温度过高时，可向覆盖的草帘上喷洒井水降温。

六、喷洒三十烷醇

草菇在采收第一潮菇后，或播种前用三十烷醇喷于培养料面上，浓度为100升水中加0.06～0.08克三十烷醇，据有关试验报道，能增产19%～43%。其增产作用和菇蕾数量增加有关，即它能有效地提高原基的成活率，大大减少死菇。

第十一章　草菇的病虫害防治

在草菇栽培中，常见的竞争性杂菌主要是鬼伞类如毛头鬼伞、墨汁鬼伞、长根鬼伞等，此外还有木霉、青霉、石膏霉(球毛壳霉)等。这些杂菌的生活条件与草菇相近，所以常在出菇前或出菇后大量出现，与草菇菌争夺养分并分泌有毒物质而抑制草菇菌丝生长。而各种寄生性霉菌，比如疣孢霉、小核菌、菌生轮枝霉等，它们主要寄生在菇体上，吸取草菇的营养，造成菇体腐烂，并分泌有毒物质抑制草菇菌丝生长。各种虫害和生理性病害也常常给草菇生产带来很大损失，所以要认真防治草菇栽培中的病虫害。

一、常见病害的防治

(一)毛　霉

毛霉，俗名黑霉病，是危害草菇生产的主要病害。常见的种有大毛霉、微小毛霉、总状毛霉和刺状毛霉。

1. 危害症状　毛霉是一种好湿性真菌，常发生在菇类的制种过程中，在培养料上初期长出灰白色粗壮稀疏的气生菌丝，菌丝生长快，分解淀粉能力强。能很快占领料面并形成交织稠密的菌丝垫，使料面与空气隔绝，抑制菇类菌丝的生长。后期从菌丝垫上发生许多圆形灰褐色(大毛霉)、黄褐色(总状毛霉)至褐色(微小毛霉)的孢子囊。

2. 形态特征　毛霉的菌丝体在基物内或基物上能迅速

蔓延，无假根和匍匐菌丝。菌落在马铃薯葡萄糖琼脂上呈松絮状，初期白色，后期变黄色有光泽（大毛霉）或浅黄色至褐灰色（总状毛霉）等。孢囊梗直接由菌丝体生出，一般单生，分枝或不分枝。分枝方式有总状分枝（总状毛霉）和假轴分枝（后期的小毛霉）两种类型。孢囊梗顶端膨大，形成一球形孢子囊，着生在侧枝上的孢子囊比较小，囊壁常带有针状的草酸钙结晶，成熟时孢囊壁消解。囊内有囊轴和许多孢囊孢子。囊轴形状不一，有球形、卵形、梨形至圆柱形等。刺状毛霉的囊轴顶端有 1～5 个刺状突起。孢囊孢子球形、椭圆形或其他形状，单胞，大多无色，无线状条纹，壁薄而且光滑。接合子着生在菌丝体上，大多属异宗配合（也有同宗配合）。配囊柄上无附属物。总状毛霉能形成大量厚垣孢子。

3. 发生条件　毛霉广泛存在于土壤、空气、粪便、陈旧稻草及培养料上。对环境的适应性强，生长迅速，产生的孢子数量多，空气中飘浮着大量毛霉的孢子。在菌种生产或栽培过程中，如不注意无菌操作及搞好环境卫生等技术环节，毛霉的孢子靠气流传播，是初侵染的主要途径。已发生的毛霉，新产生的孢子又可以靠气流或水滴等媒介再次传播侵染。

毛霉在潮湿条件下生长迅速，如果菌种瓶或菌种袋的棉塞受潮，或接种后培养室的湿度过高，均容易受毛霉侵染。小毛霉是一种喜热真菌，在 20℃～55℃条件下生长旺盛，能在几天内迅速污染整个草菇菌床。

4. 防治方法　一是搞好环境卫生，清理并隔离污染物和采菇后的残留物，保持培养室、栽培室及其周围有良好的卫生环境，是防止侵染最有效的措施。二是培养料灭菌要彻底，菌种瓶（袋）的棉花塞要防止受潮积水。

(二)根　霉

根霉的代表种是匍枝根霉,异名黑根霉。

1. 危害症状　根霉是菌种生产和栽培过程中常见的一种污染杂菌,发生普遍,危害也相当重。由于没有气生菌丝,所以污染后其扩散速度较毛霉慢,范围也较小。

培养料受根霉浸染后,初期在表面出现匍匐菌丝向四周蔓延。匍匐菌丝每隔一定距离,长出与基质接触的假根,通过假根从基质中吸收营养物质和水分。后期在基物表面 0.1～0.2 厘米高处形成许多圆球形颗粒状的孢子囊,颜色由开始时的灰白色或黄白色,至成熟后转变为黑色,整个菌落外观,有如一片林立的大头针,这是根霉污染最明显的症状。

2. 形态特征　菌落初期白色,老熟后灰褐色或黑色。匍匐菌丝弧形,五色,向四周蔓延。由匍匐菌丝与基物接触处长出假根,假根非常发达,多枝,褐色。在假根处向上长出孢囊梗,直立,每丛有 2～4 条成束,较少单生或 5～7 条成束,不分枝,暗灰色或暗褐色,长 500～3 500 微米。顶端形成孢子囊。孢子囊球形或近球形,初期黄白色,成熟后黑色。

孢子囊内囊轴明显,球形,基部与柄相连处形成囊托。孢囊孢子球形、卵形,有棱角或线状条纹。有性生殖属异宗配合,通过两条可亲和的菌丝顶端接触进行接合,形成接合孢子。接合孢子球形,有粗糙的突起。

匍枝根霉:无性繁殖由菌丝形成孢囊梗,其顶端发育成孢子囊。当囊内的孢囊孢子成熟后,孢囊壁破碎,散出的孢囊孢子在适宜的环境下又萌发成菌丝。有性生殖是通过"+"、"—"两系菌丝各自所形成的配子囊相互结合后产生接合孢子。在接合孢子萌发过程中进行减数分裂,并形成芽管破壁而出，而且芽管伸长后，其顶出可直接形成孢子囊，内生孢囊孢子。孢子萌发又成菌丝。

3. 发病条件 根霉适应性强，分布广。在自然界中生活于土壤、动物粪便及各种有机物上，孢子靠气流传播。匍枝根霉在30℃下生长良好，但不耐高温，在37℃下，便不能生长。根霉与毛霉同属好湿性真菌。开始仅在料面或棉塞附近出现，当培养料含水量高或空气相对湿度大时，就很快伸展到料内外，使整袋或整床堆肥变黑，不能出菇。

4. 防治方法 同毛霉的防治方法。

(三)曲　霉

曲霉的种类很多，污染菌种和堆肥的有黑曲霉、黄曲霉、烟曲霉、亮白曲霉、棒曲霉、杂色曲霉、土曲霉等，其中以黑曲霉、黄曲霉发生最为普遍。

1. 危害症状 曲霉在自然界中分布广泛，种类繁多，是食用菌菌种生产和栽培过程中经常发生的一种病害，病害的名称有黄霉病、黑霉病等。曲霉不同的种，在培养基中形成不同颜色的菌落，黑曲霉菌落呈黑色，黄曲霉呈黄色至黄绿色，烟曲霉呈蓝绿色至烟绿色，亮白曲霉呈乳白色，棒曲霉呈蓝绿色，杂色曲霉呈淡绿色、淡红色至淡黄色。大部分种呈淡绿色类似青霉属。

曲霉不仅污染菌种和培养料，而且严重影响人的健康。黄曲霉分泌的黄曲霉素是一种很强的致癌物质。黑曲霉和烟曲霉产生的孢子浓度高时可成为人体的致病菌，寄生于肺内发生肺结核式的病症，这种病叫曲霉病或“蘑菇工人肺病”。

2. 形态特征 菌丝比毛霉短而粗，具横隔，分枝。分生孢子梗着生在由菌丝特化的厚壁而膨大的足细胞上，大多无横隔，不分枝，常在顶端膨大形成圆形或椭圆形的顶囊。顶囊表面产生辐射状的小梗，小梗有单层和双层两种，双层的小梗，下面一层称为梗基或初生小梗，是上大下小的柱形细胞。分生孢子自小梗顶端相继形成，最后成为不分枝的分生孢子链。由顶囊、小梗和分生孢子链共同构成分生孢子头。分生孢子头具有不同颜色。

3. 发病条件 曲霉主要利用淀粉，因此谷粒培养基或含淀粉较多的培养料易受其害。但曲霉也具有分解纤维素的能力，在通风不良并潮湿的条件下易发生。

4. 防治方法 同毛霉的防治方法。

（四）脉孢霉

脉孢霉俗称红面包霉。常见的种有好食脉孢霉、粗糙脉孢霉，前者是危害食用菌的主要种，后者被认为是真菌遗传研究的标准种。

1. 危害症状 脉孢霉常发生在6～9月份菌种生产季节，主要危害各种食用菌菌种，也发生在栽培过程中，危害食用菌的菌丝体和子实体。

脉孢霉是一种顽强、速生的气生霉，培养料受其污染后，即在料面迅速形成橙红色或粉红色的霉层为分生孢子堆。霉层如在塑料袋内，可通过某些孔隙迅速布满袋外，在潮湿的棉塞上，霉层厚可达1厘米。在高温、高湿条件下，能在1～2天内传遍整个培养室，一经污染很难彻底清除，常引起整批菌种报废，经济上损失很大。

2. 形态特征 子囊孢子外壁上有突起，有如纵肋，故名脉孢霉。有性阶段的子囊壳簇生或散生，生于基质表面或埋于内部。成熟的子囊壳为暗褐色，梨形平卵形，开口乳头状。

子囊壳内含有多个子囊，但无侧丝。子囊圆柱形，有短柄，一个子囊内含有 8 个子囊孢子，其中 4 个属同一交配系统，另 4 个属为另一交配系统。

无性阶段的脉孢霉，通常为细粉状微白色。营养菌丝有隔，分枝，产孢菌丝上伸，呈双叉状分枝。分生孢子梗，较短，直接从菌丝上长出，与菌丝无明显区别。分生孢子串生成链，易脱落。分生孢子单细胞，卵形至柠檬形。分生孢子能无限繁殖下去，造成严重危害。

3. 发病条件　脉孢霉广泛分布在自然界的土壤中、禾本科植物以及富含淀粉的食物上，能产生大量的分生孢子，靠气流传播。在培养室环境不卫生，或堆肥高压灭菌不彻底，或棉塞受潮、过松，或菌袋破漏，是脉孢霉初侵染的主要途径。一旦受侵染后，所产生新的分生孢子，是再侵染的主要来源。脉孢霉菌丝在 4℃～44℃均能生长，25℃～36℃生长最快，4℃以下停止生长，4℃～24℃生长缓慢。在 31℃～40℃条件下，只需 8 小时菌丝就能长满整个试管斜面。孢子在 15℃～30℃萌发率最高，低于 10℃萌发率低。由于脉孢霉在 30℃以上生长迅速，而食用菌菌种生产大多是在 6～9 月份高温季节，因此它是菌种生产期间危害最严重的一种病害。培养料在食用菌适生含水量范围内(53%～67%)，脉孢霉生长迅速，特别是棉塞受潮时，能透过棉塞迅速伸入瓶内，并在棉塞上形成厚厚粉红色的霉层。

4. 防治方法

(1)*培养料发酵*　经发酵合格后的培养料，很少发生脉孢霉。

(2)*清洁卫生*　在菌种生产的各个环节上，要注意杜绝病原菌侵染的途径，如搞好接菌室、培养室及周围的清洁卫生。

选用新鲜、干燥、无霉变的原料。装袋时要拣除粗枝硬物，防止刺破料袋。高压时棉塞上要包紧薄膜或牛皮纸，预防棉塞受潮等。

(3)覆土掩埋　对感染脉孢霉的菌种，可拔掉棉塞，将瓶口和棉塞都经火焰灭菌后，棉塞蘸以石灰再塞上。如棉塞、胶布等处发现有较厚的粉红色霉层时，应及时滴上适量的煤油或柴油，然后用薄膜包扎，可使霉层糜烂死亡。如危害严重的，应及时清除、烧毁或深埋，防止分生孢子借气流之助，再次扩散侵染。

(五)酵 母 菌

酵母菌是食用菌菌种分离、菌种生产及栽培过程中常见的污染菌。种类繁多，危害食用菌的属有隐球酵母和红酵母，又以红酵母属中的深红酵母、橙红酵母、黏红酵母黏红变种等为最常见。

1. 危害症状　菌种袋(瓶)受酵母菌污染引起酵解发酵，发黏变质，散发出酒酸气味，草菇的菌丝不能生长。试管母种被隐球酵母污染后，在培养基表面形成乳白色至褐色的黏液层，受红酵母侵染后，在培养基表面形成红色、粉橙色、黄色的黏稠菌落。

2. 形态特征　酵母菌菌体为圆形或椭圆形单细胞，以芽殖方式进行繁殖。隐球酵母菌落呈乳白色至褐色，芽孢子五色，直径变异大，4～20 微米，卵圆形。红酵母的营养体是出芽细胞，少数种偶尔形成假菌丝体。细胞红色或黄色，椭圆形至长椭圆形。

3. 发病条件　酵母菌在自然界分布广泛，到处存在，大多生在植物残体、空气、水及有机质中。初次侵染是由空气传播孢子，再次侵染是通过喷水、工具等传播。在菇床料偏湿，气温较高和通气不良的情况下，极易发生。

4. 防治方法 培养基灭菌要彻底，接种工具要进行彻底消毒，接种时要严格按无菌操作规程进行。选用质量优良、纯正、无污染的母种转接原种。

(六)细 菌

细菌是单细胞裂殖的微生物，分布广，繁殖快，常造成食用菌制种和栽培过程的严重污染。危害食用菌的细菌，主要有芽胞杆菌属的枯草杆菌黏液变种和蜡状芽胞杆菌黏液变种，假单胞菌属的托氏假单胞菌和荧光假单胞菌等。

1. 危害症状 细菌在草菇制种和栽培过程中发生普遍，危害也相当严重。试管母种受细菌污染后，在接种点周围产生白色、无色或黄色黏液状，其形态特征与酵母的菌落相似，只是受细菌污染的培养基能发出恶臭气味，菌丝生长不良或不能扩展。液体菌种被细菌污染后，不能形成菌丝球。栽培过程中，培养料受细菌污染后，呈现黏湿、色深，并散发出酸臭味，食用菌菌丝生长受阻，严重时，堆肥变质、发臭、腐烂。

2. 形态特征 细菌的个体形态有杆状、球状或弧状。芽胞杆菌属的细菌呈杆状或圆柱状。当环境不良时，能在体内形成一个圆形或椭圆形的芽胞。芽胞外被厚壁，抗逆性强，尤其是对高温有非常强的忍耐力，一般在 100℃下 3 小时仍不丧失其生活力。假单胞属的细菌，细胞形状差异很大，通常呈杆状或球形，典型的细胞在一端或两端具有 1 条或多条鞭毛，形成白色菌落，有的种能产生荧光色素或其他色素。黄色单胞菌仅具 1 根端生鞭毛，菌落为黄色黏质状。

3. 防治方法 培养基灭菌要彻底，接种工具要进行彻底消毒，接种时要严格按无菌操作规程进行。配培养基时可使用适当剂量的青霉素或链霉素。

(七)鬼伞类杂菌

鬼伞是一群草腐伞菌。鬼伞的生活条件和草菇极为相似，是草菇生产中常见的竞争性杂菌。繁殖力极强，不但与草菇争夺养分和水分，而且成熟腐烂后，会产生墨汁样的黏液留在菇床上，容易导致其他病害发生。严重时可影响草菇菌丝体的正常生长和子实体的形成，导致草菇减产甚至绝收。

1. 形态特征 鬼伞类在形态上的共同特征是菌盖初呈弹头形或卵形，幼嫩时为玉白色、灰白色或灰黄色，表面大多有鳞片毛。菌柄细长，中空。老熟时菌盖展开，菌褶逐渐变色，由白色变黑色，最后菌盖自溶成墨汁状，孢子在墨汁之中。常见的有墨汁鬼伞、光头鬼伞、毛头鬼伞、粪鬼伞、长根鬼伞、晶粒鬼伞等。

2. 发生条件 鬼伞和草菇一样，都是大型真菌，生理、生化等都有其相似之处。鬼伞与草菇具有同样的适温性，性喜高温、高湿，5～9月份为最适宜的自然发生季节。在适宜条件下，鬼伞生长速度非常快。例如，长根鬼伞从子实体形成至开伞只有约7小时，到子实体全部溶解也只需24小时，所以鬼伞子实体总是比草菇的子实体出现得早，而且鬼伞的生活周期比草菇短，只需要1周左右，而草菇需要9～10天。因而在栽培草菇时，鬼伞是竞争性最强的杂菌之一。鬼伞与草菇同样有利用纤维素、半纤维素、可溶性淀粉和糖类的能力。高氮含量的培养料更适于鬼伞生长。

3. 防治措施 除上节所述培养料的发酵措施外，还须根据鬼伞的生长特性，创造适于草菇生长而不利于鬼伞生长的其他生态条件。

(1)含氮不能过高 根据草菇菌丝生长的需要，培养料的初始碳氮比应调整在30～40∶1，经过发酵后的含氮率应为1.6%～2%。尽管培养料添加一定量的麦麸、牛粪、尿素等可提高草菇产量，但若添加量过多会导致料中氮源过高、碳氮比失调，堆料时产生的氨不仅会抑制草菇菌丝生长，还容易诱发鬼伞类杂菌的发生。用麦秸麦草栽培时麦麸的总含量不宜超过10%。加入氮源(如尿素等)要在堆料时拌，目的是通过发酵使氨态氮被堆料中的微生物吸收转化为菌体蛋白质。如果氨气过浓，可在培养料中喷施0.3%的明矾(硫酸铝钾)，能中和游离氨而不利于鬼伞类杂菌的发生。

(2)pH值偏碱 如果培养料偏酸，有利于鬼伞类杂菌的生长而不利于草菇的生长。因此培养料的pH值偏碱一些可以抑制鬼伞类杂菌的生长。此外，可在出菇前和采摘每潮菇后喷洒一定的石灰水，中和培养料中产生的有机酸对草菇发育有利。

(3)用水须合适 培养料要保持60%～70%的含水量。如果水分太高，草菇菌丝因缺氧而发生酵解产酸，培养料pH值降低，有利于鬼伞的发生。

(4)喷洒石灰水 建堆播种后，一旦发现鬼伞的幼蕾就要立即摘除，然后用石灰水喷洒培养料局部感染区。

(八)白色石膏霉

又名粪生帚霉，粪生节卵孢霉、白皮病。

1. 危害症状 白色石膏霉主要危害草菇菌丝。菌床一旦发生该菌污染后，在其污染范围内堆肥酸碱度大幅度下降，草菇的菌丝生长和子实体形成均受抑制，对草菇的产量影响较大。堆肥进房后，若受该菌的侵染，开始在料面出现白色绵毛状菌丝体形成圆形菌落，大小不一。几天后，绵毛状菌落转变成白色革质状物，后期变成白色石膏状的粉状物，最后变成桃红色粉状颗粒。此时菌落下面的堆肥几乎被该病原菌的菌丝占领，草菇菌丝不能生长，被污染的堆肥酸碱度急剧下降产生酸臭味。

2. 形态特征 菌丝白色，有分枝，分隔。分生孢子梗短，直接从基质或气生菌丝、菌丝索分枝生出，顶端轮轴状分枝，分枝的顶端串生着短链的分生孢子，分生孢子卵形至球形，略有疣状突起，基部平切。孢子印粉红色或桃红色。分生孢子脱落后，在分枝的孢子梗顶端留有环痕。

3. 侵染途径 白色石膏霉平时生活在土壤中，这种霉菌能产生大量的孢子，借气流或雨水传播，较适宜于碱性环境下生长。该菌可随培养料进入菇床，也可随气流传播进入菇棚。堆肥发酵不好、含水量过高和呈碱性条件、菇棚温度偏高等，均有利于其繁殖。

4. 防治措施 ①培养料二次发酵，利用62℃料温杀灭白色石膏霉。②此病菌适宜在碱性条件下生长，因此堆料时石灰用量不能过多。床面局部发生时可用1份醋酸加7份水混合喷治。

(九)褐色石膏霉

又叫黄丝葚霉，菌床团丝核菌。

1. 危害症状 发病初期，在培养料表面出现大型灰白色绒毛状菌斑，扩展速度较快，不久由于菌核状细胞球的大量形成而使菌斑的颜色变成肉桂褐色或褐色，并呈粉状，用手指摩擦有滑石粉的感觉。

2. 形态特征 菌丝初为白色，渐变褐色，具锁状联合。生活史中不形成分生孢子。菌丝生长到一定程度，部分菌丝扭结形成菌核状的细胞球，直径 50～449 微米，老菌丝也可分段断裂。以小菌核繁殖。细胞球刚形成时为浅色，随菌丝细胞内色素的增加而变成褐色，肉眼可以看见。

3. 发病条件 病菌平时生活在土壤腐烂有机物质及木材上，老菇房中的木质床架上亦常发生。培养料本身带菌和老菇房未彻底消毒是发生此病害的主要病菌来源。此外，空气中亦可传播断裂的菌丝段。培养料过度腐熟、含水量过高，以及通风不良，温度偏高时有利于病菌生长。

4. 防治方法 同防治白色石膏霉一样。

(十)木霉菌

木霉菌是国内外菇类栽培及菌种生产过程发生普遍和危害严重的一种真菌。病原主要有半知菌亚门的绿色木霉菌和康氏木霉菌 2 个种。此外，还有白色木霉菌、粉绿木霉菌及假康氏木霉菌。

1. 危害症状 不论哪种木霉菌，也不论它发生在栽培过程或菌种生产过程的任何阶段，发病后的共同症状特征是先在发病部位长出白色纤细的菌丝体并形成菌落，经过 2～4 天逐渐变为绿色或墨绿色的霉状物，草菇菌丝生长受抑制或消失，有的木霉菌还可侵染危害子实体，引起草菇死亡或子实体出现淡褐色稍凹陷的病斑，直径在 0.5 厘米以内，病斑的边缘不清晰，表面常被白色霉状菌丝或绿色霉状物所覆盖。

2. 形态特征 菌丝纤细，五色，有横隔壁和分枝。分生孢子梗为菌丝的短侧枝，其上对生或互生分枝，一般有 2～3 次分枝。着生分生孢子的小梗呈瓶形或锥形。绿色木霉分生孢子多为球形，孢壁具明显的小疣状突起，菌落外观深绿色或蓝绿色。康氏木霉的分生孢子椭圆形、卵形或长圆形，壁光滑，菌落外观浅绿色、黄绿色或绿色。

3. 发病条件 木霉属的各个种平时多腐生在土壤或有机物质上，形成的分生孢子成熟后随气流传播，也可随昆虫、螨及菇房工作人员和操作工具进行传播。木霉菌不同的种对环境条件的要求不完全相同，其生长适温在22℃～26℃。有些种在氮素营养缺乏情况下，如果pH值低于6，生长仍很好。多数种在碳氮比为22～23∶1情况下有利于其生长。加入糖或发酸的培养料特别适合其生长，研究结果表明培养料中麦麸的加入量超过15%，木霉菌发生严重。菇房中高温、高湿条件有利于木霉菌的生长。

4. 防治方法 同防治白色石膏霉一样。

(十一)青霉菌

青霉菌发生在菌种生产及栽培过程中。常见的种有圆弧青霉、产黄青霉、绳状青霉等。

1. 危害症状 发生初期，出现白色绒毛状平贴的圆形菌落，随分生孢子大量形成和成熟，变成蓝绿色或淡蓝色粉状菌斑，外围有狭窄或较宽的白色菌丝圈带，草菇菌丝生长受阻。菌种生产过程常引起大批菌种受污染而报废，栽培过程中除发生在培养料上之外，出菇期间在菇根部及幼小的菇蕾上生长，呈蓝绿色或淡蓝色的粉状霉层。

2. 形态特征 营养菌丝具横隔，为埋伏型或部分埋伏型、部分气生型。气生菌丝密毡状、松絮状或部分结成菌丝索。分生孢子梗由埋伏型或气生型菌丝生出，直立，除个别种外，与曲霉不同的是无足细胞。分散或集合甚至聚集成孢梗束，有横隔膜，光滑或粗糙。其顶端有一至多次分枝呈扫帚状，称为扫帚枝。扫帚枝对称或不对称，最后1级分枝即为产生分生孢子的小梗。着生小梗的细胞叫梗基，支持梗基的细胞叫副枝。每一小梗顶端着生成串的分生孢子。分生孢子球形、椭圆形或短柱形，直径2～4微米。大量生长时的分生孢子呈蓝绿色。

3. 发生条件 青霉菌平时腐生于土壤及各种有机物上，有的种具有寄生性。其分生孢子随气流传播，空气中随处都有病菌的分生孢子，一旦沉降到有机物质上面，只要有一定的温度条件便可萌发生长，酸性反应的基质更适其生长。

4. 防治方法 ①菌种生产过程要严格消毒灭菌，并保证在无菌条件下进行操作。②栽培时要保证播种和播种后培养料呈弱碱性，不利于青霉菌生长。③及时清除采后留下的老菇根及衰亡的小菇蕾。

（十二）毛壳菌

毛壳菌又叫做橄榄绿霉菌。常见的有嗜热毛壳霉、橄榄色毛壳霉及球毛壳霉等。是菇类栽培中发生普遍并危害较重的一种杂菌。该病害主要发生在播种后的菌床上，影响草菇菌丝的定植和发菌，导致不出菇或严重减产。

1. 危害症状 播种后4～5天，料表面及内部出现灰白色绒状菌丝。几天后，在灰白色绒状菌丝丛中出现颗粒状小点，料面上随之出现橄榄绿色菌斑，培养料变黑腐烂，草菇菌丝不能生长或生长受到抑制，不能出菇或只出少量的菇，原因是该病菌除消耗营养外，还产生一种对草菇菌丝有毒害作用的毛壳霉素。

2. 形态特征 菌丝丝状、透明、有隔，交织呈棉絮状。子囊壳呈球形、卵形、桶形等，绿色或褐色，顶端有一孔口。子囊壳壁细胞状结构，膜质，易破裂，着生各种形式的附属丝。固定在基质上吸收养分的为根状须根。生于四周及顶端的为侧生附属丝和顶生附属丝。子囊有柄、棒形，内含 8 个子囊孢子，不规则排列。子囊孢子柠檬形，两端略尖，黄褐色、暗褐色至橄榄色。

3. 发病条件 毛壳菌是一类生活在纤维素物质丰富的土壤、粪便及其他腐烂的有机物质上的腐生真菌，其孢子随气流传播，稻草、麦秸、棉籽壳及畜粪、饼肥上面往往带有大量的病菌。培养料堆制发酵时，如果堆内温度达不到 62℃，嗜热毛壳菌则可在 50℃～58℃范围内生长，更谈不上杀死病菌的孢子。另外，几种毛壳菌则喜欢生长在 25℃左右环境下。

4. 防治方法 ①培养料发酵时，要求堆内温度达到 62℃，才可杀死嗜热毛壳霉的孢子及菌丝。②防止培养料过度腐熟、含水量过高和氨气过重。若含水量过高，料进房前最好摊晒 1 天，既可控制适宜的含水量，又可散发氨气。③搞好菇房内外环境卫生，尽量减少害菌孢子来源。

二、常见虫害的防治

(一)线　虫

菇类线虫病是草菇栽培中发生普遍、为害较重的一类病害，严重发生时可造成生产的重大损失。

1. 为害症状 菇床遭受线虫为害后，主要是播种后的菌丝生长不良或不发菌，或发菌后出现菌丝逐步消失的"退菌"现象，培养料变质腐烂，子实体停止生长或死亡，不同种类的线虫为害症状有差异。小杆线虫在菇床上发生后以吞食草菇菌丝、孢子及培养料中的细菌为主，此类线虫大量发生时，培养料发生湿腐症状，草菇菌丝消失。寄生性线虫以吻针刺入菌丝细胞内及子实体组织内吸取细胞液，并分泌毒素使被害细胞及菌丝死亡或萎缩，菇床床面出现下陷斑块，散发出特殊的腥臭气味，感病菇床不出菇或严重减产。子实体被侵染后，表现为生长发育不良，严重受害的子实体松软呈海绵状或呈湿腐状，表现黏滑，散发出腥臭气味，失去商品价值。菇床上发生的线虫病，大多均为两类线虫混合发生。

2. 形态特征 发生在菇床上的线虫种类有 10 多种，一是以吞食或取食菌丝、孢子及细菌为主的，称腐生类线虫。另一类为寄生性线虫或叫噬菌丝线虫。两类线虫的体型均为长圆柱状，长的 1 毫米，宽约 0.03 毫米，两头稍尖细，不分节，半透明，白色。前端为头部，最前端为口唇。寄生性线虫的口唇内面有吻针，尾部较头部尖细，肛门、生殖孔等着生在近尾端处。多数种则需进行交尾后产卵，卵孵化出的幼虫经过 3 次蜕皮即可变为成虫。

3. 发病条件 线虫在自然界分布广泛，潮湿及透气性良好的土壤、厩肥、草堆以及各种腐烂有机物上，不清洁的水中都有线虫。食用菌栽培过程中发生的线虫，可分别来自培养料、老菇房的床架及用具、拌料及菇床管理用水等，其中以培养料带有线虫的危险性更大。老菇房在使用前未认真冲洗消毒，培养料发酵未达到巴氏消毒的温度，堆制质量不好，含水量过高，本身带有大量线虫和细菌，播种后线虫大量繁殖，草菇菌丝不能生长并消失。

4. 防治方法 ①选择无线虫污染的场地堆制培养料，防止受线虫污染。②培养料进行后发酵处理，可有效杀死线虫。

③栽培结束后及时将废料清除出菇房，最好运到水田作肥料，切勿堆放在菇房附近或堆料场地上。

（二）螨　虫

螨害发生普遍，为害有轻有重，所有菇类栽培地区均有发生。由于害螨的体型微小，肉眼不易看清，往往在大量发生个体群集时才被发现，栽培者又把害螨称为"菌虱"。

1. 为害症状　菇床上的螨可分成4类，有的是无害的，有的是有害的，有的是间接造成为害的。

（1）捕食性（肉食性）螨　此类螨体型较大，行动快速，它以捕食菇床中的线虫或细菌或其他螨为食料，不取食草菇菌丝及孢子。

（2）食霉菌螨　此类螨在菇床中活动，专门取食霉菌的菌丝及孢子而生活，尤其是取食对菇类生长有害的霉菌。该类螨在菇床上大量发生，指示培养料霉菌污染严重。

（3）腐食性螨　此类螨以腐生为主，即在菇床上取食死亡腐烂的子实体及发霉腐烂的有机物质等，除非在缺乏上述食物时，也可取食菇类菌丝及子实体，造成为害。该螨在干菇贮存期发生后，不但取食干菇而且造成气味污染，散发出恶臭气味。在菌种保存期若钻进菌种瓶及试管中，可取食菌丝毁坏菌种。

（4）菇类害螨　这类螨以取食菇类的菌丝及子实体为主，是真正的害螨。它们在菇床上取食菌丝，使草菇菌丝生长不良，或出现"退菌"现象，严重影响产量和品质。

2. 防治方法　对直接取食菌丝和子实体的害螨或间接造成为害的螨类应采取如下防治措施。

（1）用好菌种　把好菌种的质量关，保证菌种本身不带任何害螨，防止害螨进入菌种瓶(袋)内及棉塞上。

(2)搞好卫生　做好菇房及栽培场地内外的清洁卫生，并保证菇房及栽培场地与粮食、饲料仓库及鸡舍、畜舍等有一定距离，并及时清除死菇和废料。

(3)后发酵　选用干燥、新鲜、无霉变的原料，培养料进房后进行后发酵处理，可有效杀死老菇房中藏匿的及培养料内部带有的各种害螨。

(4)诱杀　可用糖醋液湿布法诱杀或毒饵诱杀，1份醋、5份糖、10份敌敌畏拌进48份经炒黄的米糠或麦麸中，撒于菇床四周诱杀。

(三)瘿　蚊

瘿蚊又叫菇蚊，是菇类栽培中发生较为普遍的害虫。发生严重时，不但造成菇类产量、质量大减，且不适于加工制罐。

1. 为害症状　以幼虫造成为害，幼虫生活在培养料中，取食菌丝的养分，影响发菌和延迟出菇，造成产量下降。子实体发生阶段受害主要是大量的幼虫群集在菇根基部，造成子实体生长缓慢，用手触动时，子实体易摇动及倒伏。在制罐过程中，幼虫难以清洗干净，装罐后残留在子实体上或漂在汤液中，严重影响草菇罐头的质量。

2. 形态特征　嗜菇瘿蚊成虫体长约1.1毫米，翅展1.8～2.3毫米，需在扩大镜或双筒解剖镜下才能看清其形态。

3. 生活习性　该虫1年发生多代，成虫趋化性强，交尾产卵，交尾后雄虫很快死亡。卵产于菇床表面或子实体上，每处产卵2～3粒，卵期4天。在环境条件良好时，幼虫进行单体繁殖，即进行孤雌生殖，每条老熟幼虫可繁殖8～12条小幼虫，幼虫期10～16天，有的繁殖完成1个世代需29～31天，无性繁殖的速度快。菇床上一旦出现幼虫后，在湿度大的条件下大量进行单体繁殖，在短时间内幼虫量猛增，造成菌丝衰退，菇蕾萎缩直至枯死。

4. 防治方法 ①培养料进行后发酵处理，杀死料中藏匿的幼虫及卵。②搞好菇房内、外的清洁卫生，尤其是老菇房内的清洁卫生。

(四)菇　蝇

菇蝇可为害草菇等多种食用菌，发生普遍，为害较重。

1. 为害症状 主要以幼虫为害，食性复杂，在菇床上取食菌丝及子实体。幼虫多从菌体基部钻蛀，留下肮脏的孔洞，成虫虽不直接为害，但可传播菇床病害。子实体受害后生长发育受阻，严重的造成萎缩及腐烂。

2. 形态特征 菇蝇成虫体长3～4毫米，翅展7～9毫米。幼虫蛆状，无足，初孵幼虫体白色，长0.6毫米，老熟幼虫体黄色，7～10毫米。卵长椭圆形，白玉淡黄色，长0.39～0.47毫米，宽0.11～0.13毫米。

3. 生活习性 菇蝇平时多栖息在腐烂水果、料堆等场所。食性复杂，成虫对发酵气味的趋性强，并在发酵物质上产卵繁殖，1年发生多代。

4. 防治方法 同防治瘿蚊一样。

(五)跳　虫

跳虫又称烟灰虫、香灰虫、跳跳虫，是一类体型微小且没有翅的有害昆虫。这类害虫经常发生在菇床上，特别是室外露地阳畦栽培的草菇受害尤重。

1. 为害症状 跳虫的口器为咀嚼式，群集在子实体上时啃食菌皮、菌肉。幼小菇蕾被害后生长受阻直至枯萎，不枯萎的子实体多为畸形，子实体生长中后期被群集为害后，菇体出现形状不规则的凹陷斑或出现许多微小蛀孔。菇体产量、品质均受影响。

2. 形态特征 跳虫体长一般不超过2毫米，体型因种类不同而不同，口器为咀嚼式。弹跳器由3节组成，带向前弯夹在握钩中，弹跳器下弹时，虫体向前面跳跃。

3. 生活习性 跳虫1年可发生6～7代，成虫越冬。平时生活在潮湿荫蔽的草丛及有机物质堆放处或其他有机质丰富的场所，取食死亡腐烂的有机物质或野生菇类子实体及地衣等，进入菇床后，取食菌丝、菌皮和菌肉。

4. 防治方法 同防治瘿蚊一样。

(六)蛞　蝓

蛞蝓又称水蜒蚰，俗称鼻涕虫或黏黏虫，是一种食性复杂和食量较大的有害动物。

1. 为害症状 直接取食菇蕾，被啃食部位均留下明显的凹陷斑块或缺刻，与鼠害所留下的被害状相似，不同的是蛞蝓取食时在取食点周围留下粪便，并常在爬行过的地方留下弯曲的白色菇液带痕。被取食为害的菇蕾或幼菇，一般不能发育成正常的子实体，降低了子实体的商品价值，不能加工制罐。

2. 形态特征 黄蛞蝓体裸露，柔软，无保护外壳，深橙色或黄褐色，并有零星浅黄色或白色斑点。体躯伸长时的体长可达120毫米、宽12毫米。野蛞蝓体型较黄蛞蝓为小，体柔软无外壳，黄白色，暗灰色或灰红色，少数还具有明显的暗带或斑点。触角2对,黑色。向前伸长时的体长可达30～40毫米,宽4～6毫米。

3. 生活习性 不论哪一种蛞蝓,均具有喜阴湿不耐干燥,喜黑暗而避阳光的习性。食性复杂,可取食各种食用菌的菇蕾及子实体。

4. 防治方法 ①菇房(场)内、外保证环境卫生,清除蛞蝓白天躲藏的隐蔽场所。特别是室外露地菇床,铺料前最好对土壤菇床浇泼1∶20倍的茶籽饼浸液或1∶50倍的氨水,可有效杀死或驱除蛞蝓。此外,也可喷洒高浓度食盐水或5%的碱水。②用多聚乙醛拌细米糠或豆饼粉,或鲜嫩青草,撒于菇床四周或床架下等处诱杀。

三、生理性病害

在食用菌栽培过程中,除了可能受到害菌害虫的侵害外,还常因为一些不良环境因子的影响,造成菌丝或菇体生长发育的生理性病害,如死菇、硬开伞等。这主要是营养成分不合理,温度不适、水分或湿度调节不当等造成的。因此,查明生理性病变的病症及原因,以防止生理性病变的发生。

(一)早出菇现象

草菇从播种到针头期一般需要4～6天,但在某些情况下播种后3天就见针头菇,这种现象就叫早出菇。早出菇体一般集中在种块周围或种块上。

1. 早出菇的原因 蕈菌的发育可分为营养性生长和生殖性生长2个阶段。在营养生长阶段中菌丝变得粗壮并积累丰富的养分,为生殖性生长和子实体的发育提供了物质基础。

如果营养性生长还没有充分完成就进入了生殖性生长,不仅子实体产量低,而且菇体很小。在这种情况下菌丝仅伏在栽培料表面,没有深入培养料内部形成网状菌丝。所谓早出菇就是营养性生长还没有充分完成而提前进入生殖性生长时而发生的。一般与温度控制不当有关。

草菇生长需要适合的营养、高温(28℃～35℃)、高湿(80%～90%)和略偏碱性的环境。但其营养生长阶段与生殖生长阶段所要求的环境条件略有不同,尤其是对温度的需要有差异。草菇营养生长的最适温度为32℃～35℃,子实体的适宜发育温度则是28℃～32℃。接种后,如果室内温度及料温低于菌丝适宜的生长和发育温度,就会抑制菌丝的生长,但相反较低的温度却刺激了子实体的形成,导致出现早出菇的现象。

2. 早出菇现象的控制 为避免早出菇现象的发生,严格控制菇舍和菇床的温度是相当重要的。①当料温降至35℃时要立即接种并覆盖塑料膜,以保证菌丝正常发育所需要的温、湿度条件。塑料膜需覆盖4天。②接种后的前3天内不要通风,否则容易造成温度和湿度的降低,影响菌丝的生长发育,刺激子实体的形成。

(二)菇蕾枯萎

在草菇栽培中经常可见菇蕾发生量很多,结果仅有少量能形成子实体,大部分菇蕾枯萎死亡的现象。

1. 枯萎原因

(1)温度过高或过低 气候多变的初夏和初秋的夜间有时会有寒潮侵袭,使菇蕾遭受冷害。当气温骤然降至20℃以下时,刚刚形成的菇蕾会停止生长而枯萎死亡。高温受害一般发生于伏天遮荫和通风条件差的薄膜大棚内，由于强烈的阳光使棚内气温持续高达40℃以上，菇蕾在高温、高湿和不通风的条件下，因呼吸困难而引起组织细胞的损伤，造成菇蕾死亡。

(2)空气相对湿度太低　培养料含水量不足，或空气相对湿度太低，菇蕾因得不到充足水分引起组织缺水而枯萎。

(3)通气不良　为了增温保湿而覆盖薄膜的菇床，在菇蕾形成后期未能及时揭膜，致使二氧化碳浓度增高，菇蕾因缺氧而死亡。

(4)菌丝生长阶段光线过强　导致菇蕾过早出现，这些菇蕾由于得不到足够的营养，也容易发生枯萎。

(5)受干热风侵袭　料面水分散失，菇蕾表面严重缺水而干枯。

(6)培养料不紧实　菌丝生长松散，使形成的菇蕾因得不到足够的营养而不能正常生育，多见于稻草和麦秸栽培的草菇。

(7)补水方法不当　如向菇蕾上直接洒水和喷过凉的井水，温差过大，也容易造成菇蕾大量枯死。

(8)害虫啃食　由于线虫、跳虫等害虫的聚集和啃食，造成对菇蕾的伤害。

2. 预防措施

(1)控制好温度　满足草菇生长的不同阶段对温度的不同要求。在菌丝生长阶段可以让温度稍微高一些，有利于菌丝向料内延伸。菇蕾形成时的温度则最好控制在28℃左右，以利于菇蕾发育。当盛夏白天薄膜棚室内超过35℃时，应将薄膜卷起通风散热，必要时可在棚顶的草帘上洒水降温。初秋当夜间温度降至20℃以下时，应在棚顶加盖草帘保温。

(2)适当调湿　菇蕾形成时对湿度较为敏感，可定期在料块的畦上洒水或畦沟内浇水，以保持料床的湿度。如果料面太干，可将喷头向上45°角喷雾（不能用井水），切忌直接将水喷到菇蕾上和喷水过量。喷雾最好在通风前进行，一方面可以避免通风时湿度下降，另一方面还可以在通风时吹干菇蕾表面的小水滴，防止烂菇。

(3)加强通风　当菌丝长满培养料后，应及时揭去覆盖在料表面的薄膜通风换气，现蕾后每天通风2～3次，每次30分钟。

(4)控制光照　菌丝生长阶段光线偏暗有利于菌丝萌发和吃料，在棚上覆盖草帘遮荫，防止强光刺激。

(三)菌丝萎缩

在正常情况下，草菇播种后12小时左右菌种块就应该萌发，并开始向料内生长。如果播种24小时后，仍未见菌丝萌发或不向料内生长，就可能是菌丝发生了萎缩。

1. 高温烧菌　如果培养料长时间异常升温超过45℃就有可能使菌丝萎缩。为了防止料温过度升高，对于室内栽培的草菇，首先是控制好菇房内的温度，对于露天栽培的草菇，则要在夏天的中午做好搭建遮阳棚等遮荫工作。除此之外，还要控制铺料时料床的厚度，防止料床铺得过厚。

2. 缺氧窒息　要防止因培养料含水量太高（超过70%）或塑料薄膜覆盖过严，使草菇菌丝因缺氧窒息而发生萎缩。在培养料水分及气温偏高的情况下，应及时将覆盖在料面的塑料薄膜撑起以利于通气。

3. 氨对菌丝的毒害　为了避免氨害的发生，要控制培养料中尿素的添加量不能超过2%，并且要在堆料时加入，后发酵结束如氨气过重，要充分翻料通风。另外，在选择瓜地做畦栽培草菇时，要防止瓜田内局部化肥含量过高，播种后挥发出来的氨气由于覆膜不能及时散发，对草菇菌丝造成危害。必要时可在床底垫上塑料薄膜，以预防氨气的侵害。

4. 菌种质量低劣 如菌龄过长，造成菌丝生活力弱，抗逆性差，在环境条件不良的情况下也容易发生菌丝萎缩。

5. 温差过大 草菇对温差较为敏感，在第一潮菇采收后对培养料调水时，要防止温差过大使菌丝发生萎缩。一般是控制水温与气温基本一致就可以了。

6. 发生虫害 由于害虫的咬食使草菇菌丝萎缩，防治见前面有关内容。

7. 药害 为防菌、防虫需要喷施农药时尽量在接种前喷用，且不能过量，接种后原则上不要再喷药。

(四)死 菇

在草菇生产过程中，常可见到成片的小菇萎蔫而死亡。死菇原因分析及预防措施如下。

1. 通气不良 草菇是高温型好气性真菌，生长发育过程需要足够的氧气。但在栽培过程中为了提高堆温，有时薄膜覆盖时间过长，结果料堆中的二氧化碳过多而导致缺氧，即使已揭开薄膜，小菇仍因通气不良，排气不畅，难以正常长大而萎蔫。因此，在播种 4 天内，要注意定时小通风(每天约 30 分钟)；随着菌丝量的增大，适当增大通气量；出现针头菇时要加大通气量。室内栽培，每天要注意定时通风。

2. 缺少水分 草菇的生长需要大量的水分。如果建堆播种时水分不足，或采菇后没有及时补水；或草被盖得过薄保湿性能差，均会导致小菇萎蔫。因此，堆料播种时培养料含水量要达到要求，播种后待菌丝长满、形成针头菇前，如水分不足，可补1次重水。头潮菇结束后要补足水分，晴天草被要喷水防止料内水分蒸发。但出菇期特别是纽扣期不能喷水，菇大时可微量喷水。喷水时要用喷雾器轻喷、喷匀，保持料堆有足够的含水量。

3. 温度骤变 草菇菌丝生长和子实体发育对温度有不同要求，一般结菇温度在30℃左右。但如遇寒潮来临，或受台风袭击，则会造成气温急剧下降。而盛夏季节气温往往持续高达37℃以上，致使小菇成批死亡。因此，遇寒流或台风时要尽量采取保温措施，盛夏酷暑要选择阴凉场地堆料栽培，料上加盖厚草被并多喷水，堆上方搭棚遮荫。

4. 环境偏酸 草菇菌丝适宜在偏碱性的环境中生长，如果pH值6以下，虽可以结蕾，但难以长成菇。因此，采完头潮菇后可喷1%石灰水或5%草木灰水，以保持料堆的pH值8左右。

5. 水温不适 草菇对水温有一定的要求，但在栽培过程中常常被忽视。如喷22℃左右的井水或喷被阳光直射达40℃以上的地面水，到翌日小菇全部萎蔫死亡。因此，喷水要在早、晚进行，水温以30℃左右为好。

6. 采摘粗心 在草菇成长过程中，切忌人为碰撞、机械损伤。如采摘时不注意，碰动了旁边正在生长的幼菇，可造成死亡。因此，采摘草菇时动作要轻，一手按住菇的生长部位，保护好幼菇，另一手将成熟菇拧转采下。如果密集簇生菇，则可一起采下，以免由于采下大菇而触动造成其余未成熟菇的死亡。

7. 菌种退化 草菇菌种无性繁殖的代数和转管培养的次数过多，栽培种菌龄过大、菌种老化、生活力下降，影响了养分的积累，当第二潮菇现蕾后因养分不足而萎缩死亡。为防止这种情况的发生，要用草菇幼龄菌褶分离菌种，斜面扩大繁殖培养不要超过3代，栽培菌种的菌龄应控制在1个月以内。

8. 感染杂菌，发生虫害 用已霉变的稻草等原料作培养料，在不清洁的场地栽培，会导致害虫大量发生。尤其用棉籽壳栽培草菇，螨类发生后料内的菌丝很快消失，会使床面幼菇全部死亡。在草堆内加3%茶籽饼粉，能有效收到防治害虫的效果。草菇对农药很敏感，当菇蕾出现时，切忌使用农药。

第十二章　草菇的采收、分级和加工

草菇的采收、分级和加工是生产上的最后1道工序。商品草菇的采收是提高质量的重要一环，特别是用来制作罐头和盐渍的草菇，干制和速冻出口外销的草菇更是如此。要适时采收，按标准加工，才能提高经济效益。

一、草菇的采收

在草菇的子实体由基部较宽，顶部稍尖的宝塔形变为蛋形；菇体饱满光滑，由硬变松，颜色由深变浅；包膜未破裂，菌盖、菌柄没有伸出时采收最好。这时菇味鲜美，蛋白质含量高，质量最好。

草菇生长速度很快，要及时多次采收。采收时动作要轻，一手按住草菇生长部位小心保护未成熟的小菇，另一手将成熟的草菇拧转采摘。如遇密集丛生的草菇，应在大部分适时采收时一齐采摘，以免因采收个别草菇的撞动而造成大量未成熟的草菇死亡。

采收下来的草菇用小刀将基部的泥土、腐草清除掉，进行分级。

二、草菇的分级和加工

(一)罐藏草菇的分级和加工

1. 分级标准(福建罐头厂)

一级草菇　菇色呈灰褐色或黑褐色，菇横径 2～4 厘米(每个应小于 25 克)；菇体新鲜、幼嫩、完整，无霉烂、无异味、无破裂、无机械伤、无病虫、无死菇，菇体表面无发黄、发黏、萎缩、压迫变质现象，不开伞、不伸腰，允许轻微畸形；菇脚切面平整，不允许有杂质存在，特别是菇的基部所带的草丝、泥沙等应彻底修削干净，以便削圆。一级菇主要是用来作整粒草菇罐头的原料。

二级草菇　菇体新鲜、完整，菇横径 2～4.5 厘米；无霉烂、无异味、无破裂、无病虫害，不开伞，允许小伸腰、畸形和表面轻度变色；无草丝、泥沙等杂质。二级菇一般用于作鲜草菇片罐头的原料。

2. 加工方法　草菇采收后在气温 30℃～35℃时继续生长成熟，以至开伞散发孢子。开伞的草菇失去了罐藏加工的价值，降低了利用率，造成经济损失。为了抑制草菇贮运过程中开伞，可采用产地预煮后贮运或加冰冷藏的方法。但这两种方法要有一定的设备，费用较高，而且在煮后贮运过程中易酸败变质。福建漳州罐头厂中心试验室研究试用 0.05％盐酸溶液浸泡贮运法，抑制了菌蕾的继续生长成熟，减少了原料在贮运过程因呼吸发生的热量(比鲜菇贮运降低 6℃～9℃)，保持了原料的新鲜度，大大减少了开伞率。方法简便，成本低廉。

具体方法是采用食用盐酸配成5%的母液备用。产地使用时再稀释100倍。将验收合格的草菇经清水漂洗晾干,装入桶或塑料袋内,加入0.05%盐酸溶液,使菇体不暴露于空气。贮藏时间在6小时以内。加工前除去酸液,将草菇洗净,按加工条件罐藏。

(二)速冻鲜菇的分级和加工

有冷冻设备的单位可加工速冻鲜草菇供出口或内销。

1. 冷冻鲜草菇的收购要求 菇农把菌蕾基部杂物去净,修切清洁,按商品草菇收购标准分级装入塑料袋,放于冷冻车冰盒中运往冷冻厂进行速冻。

2. 鲜冻草菇的分级标准

甲级 大菌蕾高6~8厘米,宽4.5~5厘米,内实。

乙级 中菌蕾高5~6厘米,宽4~4.5厘米,内实。或甲级菇内部变松者(菌盖开始张开)。

丙级 中菌蕾高5~6厘米,宽4~4.5厘米,内松(包被未破,里面周围脱离)。

丁级 大、中菌蕾刚破"蛋"者及伞菇。

(三)盐渍草菇的加工

盐渍草菇是将鲜草菇经过杀青、盐腌,供应市场或再加工制成罐头草菇供出口。

1. 杀青 盐渍草菇的加工,首先要杀青,这是保证盐水草菇质量的关键。在杀青过程中,首先要用清水洗净菇身,然后放到不锈钢锅或铝锅中,用100℃水煮沸。从菇放入到捞起,锅内水温保持98℃左右。边煮边不断翻动,使菇体杀青均匀。杀青时间一般5~7分钟,然后把菇捞起置于冷水中冷却。冷却一定要冷至菇心，否则腌制后就会霉变，发臭变黑。冷却后捞起，经 20～30 分钟沥干水，即进行腌制。

2. 腌制 经过杀青的菇（熟菇）先腌于淡盐水中使其继续渗透，切勿一下放入高浓度盐水，否则“盐拔”作用过大会出现死菇色。具体做法是把食盐放入缸中再冲入沸水，使食盐溶解澄清，待冷却后用盐度计测定其浓度为 15%～16%（此浓度的盐水称“定色盐水”）。用纱布过滤，去杂质。将菇放在定色盐水中腌制 3～5 天后把菇捞起，放在筛上沥干水，换上 23%～25%的饱和盐水腌制 6～7 天。在腌制过程中要经常检查盐水的浓度，不足时应加足盐度。在腌制过程中，菇体始终用竹筛压住使盐水浸过菇面。腌制贮存期间，盐水浓度保持在 18%以上，保证菇体无霉变、酸败、发臭变黑等现象。包装时，先按净菇重数量装入包装容器，后加入 18%～20%新配制的盐水至满为止。

（四）干草菇的分级和加工

1. 干菇收购等级标准

一级 分片、足干，菇色明亮（内切面呈白色），气味芳香。菇身肥厚，长度达 5 厘米，厚度达 1 厘米以上，横切面宽在 3 厘米以上，无脱褶，不成伞形或半伞形，无泥土、无杂质。

二级 菇身长度达 4 厘米，厚度在 0.5～1 厘米，横切面宽在 2 厘米以上。其他同一级菇。

三级 分片、足干，菇色呈白色或淡黄色，气味芳香。菇身长达 3 厘米，厚 0.5 厘米以下，横切面宽在 1.5 厘米以上，无脱褶、无泥土、无杂质。

2. 干菇加工方法 采下的草菇用小刀削去基部杂物，纵切成包被相连的两半。然后将切口朝下，天晴时将草菇放在竹筛上面进行暴晒，晒至下午 5 时左右烤制。经过日晒 1 天的鲜菇在烤房只需 5～6 小时便可烤干。用这种晒、烤相结合的方法既可省料又能保证质量。在没有烤房的情况下，用日晒方法也可，晴天置于烈日下反复暴晒，直至晒干为止，但色、味均不如烤菇。

烤菇的温度初期以 40℃～45℃为宜，如果超过 45℃以上即会出水变成熟菇，色泽变黑，质量下降，成为次品。经 4～5 小时、待水分减少后逐渐升温，但不能超过 60℃。烘菇温度不能时高时低，要均匀升温，才能烤好菇。每隔一定时间要调筛(上、下层筛互换)1 次，将上层筛中较干的菇移到下层，下层筛中较湿的菇移到上层，否则热气持续向上蒸发就会使上层干菇吸湿后变黄变黑。待上层菇烤得差不多时，再移放于下层继续烤，直烤到菇体变脆一折就断为止。

当天采摘的菇应当天烤制，过夜的菇烤制后色泽不好。同一烤菇房和同一筛的菇干湿度不一致也不好，因此必须随干随收。烤成的干菇味浓香，表面有光泽，菇肉洁白。有电热烘干设备的单位，可采用电热烘干草菇，速度快，味浓香，菇色白，表面油光可鉴，质量好。烤干的菇含水量应在 12%以下。

干菇吸湿性强，因此烤干后应立即装在塑料袋密封并装入清洁干燥的铁罐内或缸内，以免吸湿变质。

(五)家庭盐水草菇的加工

草菇因其肉嫩味鲜，容易烹调而被人们青睐。但草菇是高温型食用菌，在炎热的夏季难以贮存，在 30℃左右气温下极易开伞和枯萎；放在 10℃以下的冰箱中保存几天，虽然菌被不会破裂，但菌体很快液化变质。因此，草菇采收后必须及时进行处理，以保持其原有的色、香、味、形。家庭种植草菇不能及时处理的，可加工成盐水草菇。其方法如下。

1. 采收 当草菇子实体达到八九分成熟、菌被未破裂时就应采收。采收后要及时加工处理，以免“伸腰”或开伞。

2. 杀青 主要作用是杀死菇体细胞，抑制酶的活性。草菇采收后放在清水中洗去杂质，然后放在沸水中预煮 3～5 分钟，以菇体中心熟透为度。杀青时可用 5%～7%盐水。杀青后立即置清水中冷却，待菇体中心温度降至 30℃以下方可腌制，否则容易霉烂发臭。

3. 腌制 腌制是利用高盐度盐水产生的渗透压来抑制细菌生长。腌制前必须制备 24 波美度的饱和食盐水。配制饱和盐水的方法是将水煮沸后按每升水加 400 克食盐的比例配制，边煮水边搅拌，水煮沸后倒出盐水、过滤、冷却取上清液备用。腌制时盐水必须浸没草菇，以防菇体暴露于空气中变色、腐烂。为了防止腌制过程中表层草菇变质，可以在草菇的表面盖 4 层纱布，再往布上加盐，直至盐溶解很缓慢后方可取出纱布。

4. 转缸 在保存过程中转缸 1 次，以排除不良气体。如果发现有气泡，说明盐度不够，必须加盐。

用上述方法可使草菇在 2～3 个月内保持新鲜。食用时只要把盐渍草菇放在清水中浸泡脱盐或于 0.1%柠檬酸液中煮 8 分钟脱盐，再在清水中漂酸，即可食用，菇味仍鲜美可口。

主要参考文献

［1］ 张树庭，等．食用蕈菌及其栽培．石家庄：河北大学出版社，1992.

［2］ 秦世学．草菇栽培（修订本）．北京：科学普及出版社，1986.

［3］ 汪麟，等．北方草菇栽培技术．北京：中国林业出版社，1987.

［4］ 广东省植物研究所，广东省微生物研究所．草菇栽培．广州：广东科技出版社，1975.

［5］ 杨国良，等．草菇无公害生产技术．北京：中国农业出版社，2003.

［6］ 陈德明，等．食用菌安全生产技术问答．上海：上海科学技术出版社，2005.